基于算子的武器装备作战效能
评估柔性建模方法与应用

Weapons and Equipment Operational Effectiveness Evaluation Operators – based：Flexible Modeling Methods and Applications

王满玉　蔺美青　高玉良　编著

国防工业出版社

·北京·

图书在版编目(CIP)数据

基于算子的武器装备作战效能评估柔性建模方法与应用/王满玉,蔺美青,高玉良编著.—北京:国防工业出版社,2012.2

ISBN 978-7-118-07974-6

Ⅰ.①基... Ⅱ.①王... ②蔺... ③高... Ⅲ.①武器装备－作战效能－评估 Ⅳ.①E920.8

中国版本图书馆 CIP 数据核字(2012)第 013337 号

※

国防工业出版社 出版发行

(北京市海淀区紫竹院南路 23 号 邮政编码 100048)
北京嘉恒彩色印刷有限责任公司
新华书店经售

*

开本 710×960 1/16 印张 12½ 字数 251 千字
2012 年 2 月第 1 版第 1 次印刷 印数 1—2000 册 定价 56.00 元

(本书如有印装错误,我社负责调换)

国防书店:(010)88540777 发行邮购:(010)88540776
发行传真:(010)88540755 发行业务:(010)88540717

致 读 者

本书由国防科技图书出版基金资助出版。

国防科技图书出版工作是国防科技事业的一个重要方面。优秀的国防科技图书既是国防科技成果的一部分，又是国防科技水平的重要标志。为了促进国防科技和武器装备建设事业的发展，加强社会主义物质文明和精神文明建设，培养优秀科技人才，确保国防科技优秀图书的出版，原国防科工委于1988年初决定每年拨出专款，设立国防科技图书出版基金，成立评审委员会，扶持、审定出版国防科技优秀图书。

国防科技图书出版基金资助的对象是：

1. 在国防科学技术领域中，学术水平高，内容有创见，在学科上居领先地位的基础科学理论图书；在工程技术理论方面有突破的应用科学专著。

2. 学术思想新颖，内容具体、实用，对国防科技和武器装备发展具有较大推动作用的专著；密切结合国防现代化和武器装备现代化需要的高新技术内容的专著。

3. 有重要发展前景和有重大开拓使用价值，密切结合国防现代化和武器装备现代化需要的新工艺、新材料内容的专著。

4. 填补目前我国科技领域空白并具有军事应用前景的薄弱学科和边缘学科的科技图书。

国防科技图书出版基金评审委员会在总装备部的领导下开展工作，负责掌握出版基金的使用方向，评审受理的图书选题，决定资助的图书选题和资助金额，以及决定中断或取消资助等。经评审给予资助的图书，由总装备部国防工业出版社列选出版。

国防科技事业已经取得了举世瞩目的成就。国防科技图书承担着记载和弘扬这些成就，积累和传播科技知识的使命。在改革开放的新形势下，原国防科工委率先设立出版基金，扶持出版科技图书，这是一项具有深远意义的创举。此举势必促使国防科技图书的出版随着国防科技事业的发展更加兴旺。

设立出版基金是一件新生事物，是对出版工作的一项改革。因而，评审工作需要不断地摸索、认真地总结和及时地改进，这样，才能使有限的基金发挥出巨大的效能。评审工作更需要国防科技和武器装备建设战线广大科技工作者、专家、教授，以及社会各界朋友的热情支持。

　　让我们携起手来，为祖国昌盛、科技腾飞、出版繁荣而共同奋斗！

国防科技图书出版基金

评审委员会

V

序

纵观人类历史的绵绵画卷,人们认知能力和创新水平的提高无不依赖于科学技术的进步。任何一种科学方法和科学技术,在其形成和发展过程中,需求的牵引和技术的推动无一例外地发挥着关键和核心的催化作用,在科技发展的舞台上扮演着不可或缺的重要角色。

人类的认知领域是多维的,不同领域由其自身的特点和外在的条件不同,决定其具有不同的发展水平,横向科学就是人类正视这种不平衡而形成的学科领域。横向科学的研究实践,对促进学科融合、推动多学科平衡发展起着至关重要的作用,使得人们的视线越来越多地投入到这一领域,并积累了宝贵的科学财富。

"评估"是个极具普适性意义的词汇,几乎在任何一个领域都可以找到它的艺术舞台,例如,管理领域的"绩效评估"、经济领域的"效益评估"、教育领域的"能力素质评估"等。这就使得"评估"如同一位善舞的精灵,迅速走进了人们的视野,很快成为重要的横向研究领域。

军事领域历来是人们关注的焦点,任何一种科学技术一经出现,就会在该领域跃跃欲试,争取一席之地,当然,评估技术也不例外。正当评估技术在各个领域蓬勃发展之时,人们迅速捕捉到了它在军事领域的现实需求。例如,武器装备作为重要的作战力量因素之一,其作战效能评估成为了极受关注的评估应用领域。此后,武器装备作战效能评估作为重要的学科方向,其理论、方法和技术在不断的应用实践中得到了长足的发展,积累了大量研究成果,为评估理论的升华和技术的进步奠定了基础。与此同时,计算机领域、仿真领域、人工智能领域也在人们不断的认知实践中快速发展,并最终促成了"柔性"理念的形成,这在拓展横向科学思维模式下,对相关领域的研究是极具借鉴意义的。

在人类的不同认知领域,更具体为各个不同行业,不可避免地存在一些共性,如对多种变化的适应性,对多种需求的可调性和兼容性等,更概括地说,就是存在"柔性"需求。这一"柔性"需求很快成为横向科学关注的对象,使得"柔性"概念,作为一种广为认可的全新理念,很快在各行各业、各个研究领域推广开来,形成了"柔性生产"、"柔性管理"、"柔性分析"、"柔性评估"等概念,使得柔性思想的覆盖面越来越广,影响力越来越大。因为很显然,"柔性"要比"可适应"、"可调整"、"灵活"等词汇更贴切,内涵更丰富,从而适合作为一种科学语言为人们所接受。可以说,"柔性"一词的出现,就是顺应各研究领域走向规范化和标准化的必然选择。

柔性思想渗透于军事领域的直接后果,就是"柔性仿真"理念的最终形成,进而引发了人们对柔性仿真方法、柔性仿真技术及柔性评估等的研究热潮,实现了丰富和有效的研究积累,这就为评估理论的升华奠定了技术基础,对评估技术的进步也具有一定的示范意义。

另外,仿真技术的出现是人类里程碑意义的技术突破,它同其他任何一种新技术一样,很快在军事领域找到了用武之地,形成了基于仿真的论证、基于仿真的推演、基于仿真的分析等概念,甚至将仿真作为武器装备发展全生命周期都适用的技术手段,成为装备采办的有效支撑手段,这就形成了"基于仿真的采办"概念。这对评估理论的发展意义重大,因为武器装备采办绕不开武器装备作战效能评估这一重要环节,由此,就将仿真和评估融为一体,形成了"基于仿真的评估"概念,仿真领域的任何理论创新和技术进步,对评估领域都极具启发意义。人们不断的仿真实践和评估实践过程为评估理论创新和技术进步奠定了技术基础和应用基础。

本书的研究能够将极具现实意义的武器装备作战效能评估领域作为研究背景,采用学科交叉的科学思维方法,借鉴邻近学科的先进思想、方法和技术,将"柔性评估"和"柔性建模"概念有机融合,建立了"柔性评估建模"的概念,并形成了相应的方法论体系和技术规范,实现了对评估理论的升华,推动了评估技术的进步,对武器装备作战效能评估实践极具指导意义,具有很好的科学和实用价值。

中国工程院院士

序

"评估"是个有着普适性意义的词汇,几乎在任何一个领域都可以见到它的应用,例如,管理领域的"绩效评估"、经济领域的"效益评估"、教育领域的"能力素质评估"等。尤其是在军事领域,性能的评估更是备受人们的关注。例如,武器装备将直接关系到军事行动的成败,其效能评估就显得十分重要。

"柔性"的基本含义包括灵活、可重用、可扩展及可重组等概念,已经在医药、社会、军事等各个领域被广泛应用,形成了柔性制造、柔性生产、柔性管理、柔性分析、柔性仿真、柔性建模和柔性评估等概念,在各行各业的各个阶段和环节发挥着不可替代的导向和引领作用。

电子技术和计算机技术的飞速发展,大大促进了信息时代的到来,尤其是在武器装备信息化发展的形势下,武器装备本身越来越复杂,对武器装备的作战效能评估的需求也更为迫切。

柔性评估建模方法论,就是在对武器装备进行作战效能评估的实践过程中,逐步形成和发展的。它必将在武器装备作战效能评估及其他相关领域发挥重要的引领和推动作用,具有很大的科学和实用价值。

本书以武器装备作战效能评估为背景,采用学科交叉的科学思维方法,借鉴邻近学科的先进思想、方法和技术,将"柔性评估"和"柔性建模"概念有机融合,建立了"柔性评估建模"的概念,形成了相应的方法论体系和技术规范,对武器装备作战效能评估实践极具指导意义,具有很好的科学和实用价值。

本书是在武器装备仿真论证科研实践过程中,对武器装备作战效能评估的理论和技术总结,对武器装备论证科研人员、武器装备工程实践人员以及其他从事武器装备作战效能评估的研究人员、教师和研究生有参考意义,本书的出版将为他们提供十分有益的帮助。

中国工程院院士

前　言

　　武器装备作战效能评估是武器装备全寿命周期中必不可少的重要环节。人们对评估理论和方法的研究一直方兴未艾。评估是以模型为基础的,因而评估建模是武器装备作战效能评估研究的重要内容。本书就是以武器装备作战效能评估为应用背景,提出基于算子的柔性评估建模方法,目的是为评估建模和设计人员提供有益的借鉴和启示,以推动评估建模理论和方法的进一步发展。

　　本书将"柔性"理念引入评估建模领域,将"柔性评估"和"柔性建模"有机融合为"柔性评估建模",强调"柔性"思想在评估建模领域的指导作用,目前在国内外属于首创。此外,拓展算子的概念,在概念层和软件实现层分别定义了算子的具体含义,突出软件层次作为功能组件的算子,将其作为评估建模的基本单元,这就为柔性的评估建模奠定了物质基础。正是将基于算子的评估建模方法与柔性评估建模理念相融合,并在武器装备作战效能评估建模的不断实践过程中,形成了基于算子的柔性评估建模方法论,实现了评估建模理论和方法的创新。

　　本书介绍的柔性评估建模方法,也是跨学科的理论研究成果。人工智能学中的目标规约理论对评估概念建模具有重要的借鉴意义;软件工程学的柔性软件设计理论对评估软件系统的设计也提供了重要启示;柔性仿真建模理论和实践对柔性评估建模起到了示范作用,且基于仿真的评估理论将仿真和评估有机融为一体,也强化了柔性仿真理论对柔性评估建模实践的推动作用;评估建模领域已有的方法积累也为柔性评估建模奠定了方法和应用基础。该方法强调基于算子的分析,即容易算子化的问题表示——评估指标体系,以及基于算子的实现——算子树模型。由于算子具有很强的问题表达能力,并且在软件实现上能够达到较好的封装性和扩展性,因此基于算子的柔性评估建模方法能够有效地实现对多种评估方法的工具化和不同评估问题模式的模板化,对复杂评估需求具有很强的适应能力,是进行武器装备作战效能评估建模的一种有效途径。

　　本书是作者在长期从事武器装备论证和仿真评估的实践过程中,对前期科研积累的理论总结。由于基于仿真的评估理论已深入人心,评估工具需要具备与仿真工具相适应的能力,因而作者在评估工具的开发过程中,受到了仿真工具设计和使用模式的启发,致力于提高评估工具的扩展性和重用性,设计并实现了柔性评估建模工具 FEMS 的原型系统。该系统在巡航导弹突防作战效能仿真评估项目中得到了成功应用,并集成了突防效能评估的相关算子工具;随后,运用该系统开展了装甲装备作战效能仿真评估研究,进一步设计集成了效用函数算子集和 TOPSIS 方法算子集,使得系统的评估建模能力进一步增强。在不断的实践和应用过程中,评估方法算子化的思想、方法和技术逐步成熟。此后,系统进一步集成了其他算子工具,并在雷达侦察系统、雷达组网系统、反辐射无人机、预警监视系统等武器装备作战效能评估中得到了应用。在作者对评估建模理论的理性思考下,对前期的科研实践作了进一步的理论总结,最终形成了本书提出的柔性评估建模方法。

　　全书共 6 章,包含三大部分内容。第一部分为第 1 章 ~ 第 4 章,介绍柔性评估建模方法论的依据、应用对象和方法论的具体内容,是理论部分。第二部分为第 5 章,介绍了柔性评估建模工具 FEMS,为读者提供作战效能评估模型开发的参考,是工具部分。第三部分为第 6 章,介绍了方法论的具体应用,实现了对方法论有效性的验证和检验,是应用部分。

　　本书的写作得到了作者单位的大力支持,在写作过程中得到了尹自生教授的帮助和支持。特别要感谢胡风明、邓瑛等同志为本书所做的大量文字处理工作,使作者能有更多的时间从事写作。

　　限于作者的学术和理论水平,书中难免存在疏漏和错误,敬请读者批评指正!

作者

2011 年 9 月

目　录

CONTENTS

第1章 绪 论

评估是人们在各行各业都必不可少的重要环节,如管理效益的评估、人员能力素质的评估等。在军事领域,武器装备发展全寿命周期中,都需要武器装备作战效能作为装备论证、作战使用和操作演练等的重要决策依据,因而,都离不开武器装备作战效能评估这一重要环节。武器装备作战效能评估是以模型为基础的,评估建模是武器装备作战效能评估研究的重要内容。

随着信息时代的到来,在武器装备信息化发展趋势下,武器装备本身越来越复杂,对应的武器装备作战效能评估需求也表现出多样和多变的复杂特性,这就对评估建模提出了新的挑战。

柔性评估建模方法论,就是在不断的武器装备作战效能评估实践过程中,为适应评估需求新的变化趋势,在已有理论、方法和技术积累的基础上逐步形成和发展的。它必将作为一种新的评估建模理念、新的评估建模方法参考,在武器装备作战效能及其他相关领域发挥重要的引领和推动作用,具有很高的科学和实用价值。

1.1 柔性评估建模相关概念

1.1.1 柔性评估

"柔性",即英文"flexible",基本含义包括灵活、可重用、可扩展及可重组等,它已成为一种广为认可的全新理念,被应用于医药、社会、军事等各个领域,形成了柔性制造、柔性生产、柔性管理、柔性分析、柔性仿真、柔性建模和柔性评估等概念,在各行各业的各个阶段和环节发挥着不可替代的导向和引领作用。其中,柔性评估理念在企业管理、绩效评估等领域应用较多,在装备作战效能评估领域,柔性评估虽有体现,但尚未形成统一的方法论体系。

"评估"是一个普适性很强的词汇,几乎每个行业、每个领域都离不开评估这一环节,如人员能力素质评估、企业管理水平评估、产品性能评估等。柔性评

1

估就是对复杂评估需求有较强适应性,体现评估实施的灵活性的评估模式。本书提到的评估主要是指对武器装备的效能评估,即将柔性评估理念应用于武器装备作战效能评估领域,探讨可行的武器装备效能柔性评估建模方法。

1.1.2 评估模型

对于"评估模型",其概念和内涵目前尚不统一,常见的评估模型有如下几类。

1. 概念模型

评估概念模型是关于评估需求生成、评估准则选定、评估过程规范、评估方法优选等的理论体系框架,是进行评估活动的方法论指导。它是评估问题的问题表达方式,评估概念建模就是建立评估问题和评估问题表达的映射关系,为评估问题解决方案的拟定奠定基础。

2. 数学模型

评估数学模型是评估指标量化的方法,通常是针对具体指标,依据评估对象和指标关系等建立的指标量化值的求解模型。它是针对具体评估指标解算的问题解决方案,是以一定的数学理论和方法为基础的,依据指标特性而确定的指标量化方法,如效用函数模型。

3. 解析模型

评估解析模型是综合评估指标解算和评估指标聚合的指标关系模型,是基于数学模型的更复杂的解算模型,通常是针对顶层指标构建的,也称为针对某具体评估指标的评估方法,如效用函数 + 加权聚合的评估指标解算模型。它是针对目标评估问题的评估问题求解方案,评估解析模型构建就是建立评估问题表达和评估问题求解方案之间的映射关系,为评估解算奠定基础。

4. 数字化模型(计算机模型)

评估数字化模型或计算机模型,是基于评估概念模型、数学模型和解析模型而构建的可操作的评估辅助工具,是评估指标量化的手段和工具,是依据评估概念模型、基于评估指标体系和评估方法构建的计算机可执行的评估解算模型,为评估人员提供评估数据导入和相关操作接口,输出评估指标的量化分析结果。本书的评估建模主要是针对数字化的评估模型。

1.1.3 柔性评估建模

柔性评估建模是要构建灵活、可重用、可扩展的数字化评估模型,是方法论问题,也是系统设计问题。柔性评估工具,既能够独立使用,也能够作为重要功能模块或节点,接入仿真系统,与仿真系统进行数据交换,实现对仿真系统的优化升级,这集中体现了基于仿真的评估理念。所以,柔性仿真建模思想、方法和技术的发展推动了柔性评估建模理论的形成和技术的发展。下面是常用的柔性评估建模方法。

1. 基于框图的柔性评估建模方法

框图是框图形式的功能模块。每个框图规定了输入输出数据类型以及一些相关的框图属性,是具有某项功能的实用组件。若干框图组件,在输入输出接口相容的前提下,组成框图网络,对应为一个功能模型。可以采用基于框图节点的网络建模方法进行武器装备作战效能评估建模。其中,框图节点对应层次化组合式建模方法中的评估模型元件,而评估网络模型对应评估模型组件。封装武器装备感知器、探测器及控制器的相关功能,可以开发基于 SCA(Sensor – Controller – Actuator)评估方法的框图组件,建立 SCA 评估框图组件库,支持评估模型的建立。

对于框图网络模型,其框图模块单元体现模型的模块化设计,框图网路的构造过程体现评估建模的层次化设计,这就确保评估模型具有较好的扩展性和重用性,实现了柔性的评估建模。

2. 基于算子的柔性评估建模方法

算子是封装了一定操作的功能单元。每个算子规定了输入输出数据类型和一些相关属性,算子之间通过数据接口实现交互,若干算子在输入输出接口相容的前提下,组成合法的算子树,对应为一个功能模型。可以封装武器装备作战效能评估的一系列方法,生成评估算子集,作为基本的评估建模单元,支持评估模型的建立。

对于算子树评估模型,其算子单元体现了模型的模块化设计,算子树的构造过程体现了评估建模的层次化设计,这就确保评估模型具有较好的扩展性和重用性,实现了柔性的评估建模。

以上两种方法体现了基于功能组件的先进评估建模理念,是进行柔性评估建模的有效手段。由于算子树模型与评估指标体系的树状结构的外观一致性,便于用户对评估模型的理解,在评估建模领域的应用前景更好,因此本书介绍基于算子的评估建模方法。该方法在武器装备效能评估领域,如航空武器装备、导弹武器装备、装甲武器系统、电子对抗装备等的作战效能评估中得到了成功应用,对相关领域的评估建模也有一定的借鉴意义。

1.2　柔性评估建模方法的形成

柔性评估建模方法的形成,同其他任何新方法和新技术的形成一样,是在需求的牵引和技术的推动下促成的。在柔性评估建模方法的形成过程中,武器装备作战效能评估这一广泛的军事需求起着举足轻重的作用,加上仿真评估方法,即基于仿真的评估方法应用于这一领域,将仿真和评估过程融为一体,仿真领域的技术进步必然对评估方法和技术的发展起到一个示范和推动作用。

为适应基于仿真的武器装备采办应用需求,所建仿真评估系统应集成多种建模工具,以兼容对多种建模方法的使用,并支持仿真评估人员的协作以及模型的重用和互操作,这就要求仿真评估系统的方法和工具有更多的灵活性,即"柔性",以适应多变和多样的应用需求。

软件复用技术、软件框架技术、软件体系结构、构件思想等思想和技术的出现为柔性的软件系统设计奠定了技术基础,从而使柔性的仿真评估成为可能。柔性仿真建模的实现依赖于建模方法,设计基于建模方法的可重用和扩展的仿真建模单元,是实现柔性仿真建模的关键。类似地,柔性评估建模的实现依赖于评估方法,设计基于评估方法的可重用和扩展的评估建模单元,是实现柔性评估建模的关键。对评估方法的算子化,就是设计基于评估方法的算子形式的评估建模单元。算子开发和集成技术的突破,促进了基于算子的柔性评估建模方法的形成。

1.2.1　基于仿真的评估

武器装备作战效能反映了武器装备的本质特征,是其最重要的评价指标之一。武器装备作战效能的好坏,是选择战术技术指标、作战使用方式和评价训练质量的主要依据,因而,作战效能评估是武器装备的全寿命周期中必不可少的重要环节。随着仿真理论和技术、计算机技术和信息技术等的飞速发展,仿真技术在武器装备作战效能评估中(尤其是在武器装备立项论证的初期阶段)的应用越来越广泛,形成了基于仿真的评估方法 SBE,为武器装备作战效能评估提供了有效途径。

基于仿真的武器装备作战效能评估方法可以提供武器装备的作战效能,以及影响武器装备作战效能相关因素等方面的信息,从定量的角度支持武器装备的论证和评价。

可见,基于仿真评估方法设计的武器装备作战效能仿真评估系统,主要由仿真子系统和作战效能评估子系统构成,两者之间通过仿真数据交互达到相互支持的目的,即仿真是手段,为评估准备输入数据;评估是目的,输出用户关心的作战效能评估结果。仿真过程中,需要装备实体模型和关系模型等仿真模型支持;对武器装备作战效能评估时,也需要灵活的、可重构的评估模型支持。可见,武器装备作战效能评估建模与仿真建模一样,是进行武器装备作战效能仿真评估的重要环节。

1.2.2 柔性的系统设计

柔性的系统设计理论是柔性思想在软件开发领域的具体体现,并形成了柔性软件的概念,它是柔性仿真评估软件设计的理论依据。

1. 柔性思想

柔性思想起源于机械制造系统。柔性制造系统,是指在自动化技术、信息技术和制造技术的基础上,通过计算机软件科学把工厂生产活动中的自动化设备有机地集成起来,打破设计和制造界限,取消图纸工艺卡片,使产品设计生产相互结合,适用于中小批量和较多品种生产的高效率的制造系统。柔性制造系统包括多个柔性制造单元,能根据制造任务或生产环境的变化迅速进行调整,适用于多品种中小批量生产。后来,柔性思想逐渐运用到企业管理之中,形成了柔性管理、柔性分析等概念。近年来,柔性仿真和柔性建模概念的应用日益广泛,包括在军事仿真领域的应用,进一步为柔性软件概念的提出奠定了思想基础。

2. 柔性软件

在以往的研究中,"柔性"泛指适应变化的能力和特性。因此,具备"柔性"的软件系统,可以对软件中参数模型的调整,适应于多个应用对象和应用目的,可以提高软件开发效率,提升和完善软件功能。

简单来说,柔性软件就是在对软件本身不做修改或做少量修改的情况下,可通过改变一些相关的外在因素,使其能够适应新的环境要求的软件。其中,新的环境是指在同一领域内、一定程度上的变化后环境,如不同武器装备作战效能评估所对应的不同评估环境。这就要求软件设计时要体现通用性、可扩展性和可重用性,这也是软件工程思想的重要组成部分。采用组件化设计方法,使得建模过程成为一个基于功能单元的模型构建过程,功能单元如同建筑时所用的砖和瓦,是构建模型的基础所在。所以,组件化设计方法是柔性评估建模软件设计的方法基础。

1.2.3 柔性仿真评估系统

在工业产品的加工制造过程中,原材料从生产线的一端进入,经过生产线上的一系列加工设备的操作处理后从另一端形成产品。柔性制造系统可以根据产品设计需求的变化,对生产线和加工设备作适时调整,直到产品满足设计需求为止。

将仿真产品开发过程与工业产品加工过程相比拟,建模仿真系统就是加工仿真产品的"生产线",它对原始"材料"进行"加工"后得到的"产品"就是某一仿真应用系统。仿真评估系统配置和使用上的灵活性决定了仿真产品的开发速度和加工质量。如果仿真评估系统具有柔性,就可以更好地适应产品需求的变化,缩短产品开发的周期,提高产品生产的效率和质量。因此,形象地说,柔性仿真评估系统就是一种用途广泛、具有快速组装和灵活修改能力的仿真评估产品生产线,即柔性的仿真建模和评估建模是柔性制造思想在仿真评估产品"制造"领域的具体应用。

sim2000是一种柔性仿真开发平台,该平台由实验设计、仿真建模、想定建模、仿真引擎、效能评估等子系统组成,其中,仿真建模系统与效能评估系统支持柔性仿真建模和柔性评估建模。

1. 仿真建模系统

sim2000仿真建模系统由仿真组件开发模块和仿真部件开发模块组成。前者用于支持基础仿真模型单元的开发,如雷达模型、机场模型等;后者用于支持战役战术仿真模型的开发,如要地防空仿真模型。

1)仿真组件开发模块

仿真组件开发模块是柔性仿真建模的底层支持工具,为仿真建模提供基本模型和应用模板,并有独立的模型开发能力和测试能力。该模块可支持模板的数量称为仿真建模环境的模板丰富性,它直接影响到仿真建模环境的可扩展能力和对需求变化的适应能力。

常用的仿真建模方法有Euler网、Petri网和SLAM网建模方法。仿真建模组件是面向特定建模方法,建模方法不同,模型组件开发系统也就不同。例如,可以针对不同的建模方法,分别建立Euler网组件开发系统、Petri网组件开发系统、SLAM网络组件开发系统、框图组件开发系统、有限状态机组件开发系统等,用于"制造"符合各自描述规范的仿真模型模板。柔性仿真建模不限制各种组件开发系统自身的特色。Euler 网等比较复杂的仿真方法,要求相应的模型组件开发系统具有对下层仿真构件即模型元件的集成能力,此时模型元件一般为用某种计算机高级语言编程实现的仿真程序。如果建模方法比较简单,则相应的模型组件就可作为最底层建模单元使用。可见,柔性仿真建模具有组件化和层次化的特点,仿真组件和模板的构建是仿真建模的起点和基础。

2) 仿真部件开发模块

仿真部件开发模块是一个具有层次化组合建模能力的模型生成器,采用面向对象的思想定义模型的组织结构,为模型部件的开发提供集成框架,能将模型组件开发系统建立的 Euler 网、Petri 网、SLAM 网、方框图、有限状态机等仿真组件集成在一起,形成系统的组合仿真模型。用户还可以根据需要在集成框架中添加自己开发的模型组件。可见,柔性仿真建模具有综合性特点,这就为多种仿真方法的综合运用提供了条件,突出体现了方法运用层面的柔性。

2. 效能评估系统

sim2000 效能评估系统具备较好的通用性,该系统采用基于框图节点的网络建模方法进行评估模型构建。其中,框图节点对应层次化组合式建模方法中的评估模型元件,评估网络模型对应评估模型组件。为了适应探索性评估的需要,该系统集成了基于 SCA 评估方法的 SCA 框图元件,用户可根据需要建立起相应的评估网络模型。该系统具备如下功能:

1) 支持评估模型建模

支持层次化评估模型建模。所谓层次化有两层含义:一个是方法域的层次性,另一个是问题域的层次性。方法域的层次性是指评估模型建模分为评估模型元件建模与评估模型组件建模两大层次。评估模型元件建模是指通过一般的程序开发语言(效能评估系统采用的编程语言是 Java)开发出符合 sim2000 仿真系统框图模型规范的、特定于某种评估方法的模型元件,这些模型元件集合就是这种方法可用的建模要素,将这些建模要素组合就可以形成评估模型组件。问题域的层次性是指效能评估系统所建立的评估模型,可分为作战单元评估层、作战系统评估层、作战体系评估层三大层次。作战单元评估层基于实体模型仿真的评估结果数据建立评估框架与评估结果的关系;作战系统评估层将多个相同类型的作战单元评估模型分别聚合为作战系统评估模型;各类作战系统模型可以进一步聚合为从"探测器"到"交战器"链路的作战体系评估模型。

sim2000 效能评估系统提供两个层次的评估模型建模元件。第一个层次是评估指标建模元件,描述评估指标与实验响应(模型输出变量)之间的数学映射;第二个层次是评估关系建模元件,描述评估对象与评估环境(评估环境包括评估对象与本位系统之间的关系,以及敌对系统之间的关系)之间的信息关系。

2)支持评估模型的仿真运行

评估仿真是指效能评估系统通过标准的离散事件仿真引擎支持评估模型的解算。效能评估系统仿真引擎采用的仿真算法为事件调度法。在评估仿真中,仿真时钟并没有物理时间的概念,实际上它表示的是评估方案序列号的推进,也就是说评估仿真时钟推进的过程就是评估方案探索的过程。sim2000 效能评估系统通过逻辑时钟的推进很好地解决了探索性评估的问题。

3)支持评估结果的交互式探索

评估仿真的结果一方面应通过数据采集系统存入评估结果库,另一方面应支持用户对评估结果进行多维的、交互式的探索。

sim2000 效能评估系统是一个功能强大的通用的效能评估系统,该系统在评估建模的环节,采用了框图组件化的评估问题求解方案,即框图网络形式的评估关系模型和评估指标模型。框图库的建立,能够有效地集成各种不同的评估方法,使得所建评估具有较好的可扩展性和重用性,能够较好地适应多变和多样的评估需求,体现了柔性的评估建模思想。但是,评估指标体系与框图网络模型间的映射关系并不直观,用户不能从框图网络理解评估指标体系,即框图网络形式的评估模型可读性不是很理想,而评估模型的可读性恰恰是军事专家和评估人员有效沟通的关键。因而,需寻求一种更有效的评估建模组件。本书提出的由算子组件构建的算子树模型与评估指标体系的树状结构有天然的一致性,可读性好,是实现柔性评估建模的较好解决方案。

1.2.4　柔性评估需求分析

武器装备作战效能评估一般包括如下几个关键环节:评估指标体系的确定(明确评估需求)、评估方法选择、评估模型建立、评估指标解算和评估结果表现。其中,评估指标体系将评估问题映射为层次化的评估指标树,实现评估问题的问题表达;评估方法的选择以评估问题模式为依据,一定的评估问题模式对应一定的评估方法体系;评估模型的建立以评估指标体系和选择的评估方法为依据,以评估解算为目的,将评估问题表示映射为评估问题求解方案,是整个评估过程的关键;评估指标解算以评估模型为工具,是评估用户获取评估结果的关键步骤;评估结果以直观的表达方式呈现给评估用户。

进行武器装备作战效能评估时,需着重考虑如下几个方面的问题。

1. 评估指标体系与评估模型的外在统一性问题

评估指标体系和评估的模型的外在统一性,是指两者在外观上是基本一致的。评估指标体系实质上就是评估问题表达,而问题表达是问题和问题解决方案建立关联的桥梁,评估指标体系和评估模型的外在关联性实质上就是评估问题表达和评估问题解决方案的关联问题,是评估问题解决的关键要素。评估指标体系与评估模型间的较好外观一致性,能够方便评估用户通过评估模型理解评估问题,并根据评估问题调整评估模型,从而建立评估问题和评估问题求解方案间的直观联系。

评估指标体系一般是树状结构,这符合人们的认知规律,即问题分解和目标归约。问题分解就是将一个问题分解为若干子问题,子问题进一步分解,形成更小的问题,如此分解下去,直到不能分解为止,此时就得到了单元问题,那么,单元问题的解决就为目标问题的最终解决奠定了基础。很显然,由单元问题解决方案到目标问题解决方案的生成过程,即目标归约。评估指标体系的构建就是基于以上思路进行的,可见,树状的评估模型是解决评估指标体系与评估模型外在关联性的较好选择。

另外,评估模型与评估指标体系的外在统一性也是评估模型的可读性问题,是军事专家、装备专家和评估人员之间进行有效沟通的关键。

2. 评估模型的通用性和灵活性问题

评估问题的最终求解是通过评估模型实现的。评估模型的通用性,是指评估模型对不同评估问题普遍适用,而不是针对某一特定评估问题定制的专用的评估模型。评估模型的灵活性,是指评估用户可以根据需要对评估模型作适当调整,以适应评估需求的变化。

通常,作为评估对象的武器装备是非常复杂的,主要体现为评估需求的多样性、多变性和层次性。例如,在武器装备的论证阶段和生产使用阶段,对其进行效能评估的需求是不同的,对前者的评估主要用于指导指标参数的优化,对后者的评估则更侧重于规模数量的优化选择。随着军事斗争形式的变化,军方发展武器装备的方向重点也会随之有所变化,这将直接导致评估需求的变化。而且,武器装备的复杂程度是多样的,针对同一评估目的作战效能评估,其评估模型也是不同的。例如,以防空作战为背景的单个雷达装备的作战效能评估与多部雷达组成的雷达组网系统的作战效能评估模型应是不同的,且针对前者所建立的评估模型能够作为后者的基础和支撑,这就体现了评估需求的层次性。

因此,评估模型应当可以根据评估需求,通过属性修改、建模单元增减替换、模型模板重用等方式,适应多种类型武器装备的作战效能评估需求,即实现对武器装备作战效能的柔性评估建模。

3．评估方法的可知性和综合运用问题

评估方法的可知性是针对评估模型而言的,要求评估模型对评估用户具有了解评估方法的接口,而不是一个方法不可知的黑箱评估模型。基于方法可见的评估模型,建模人员可通过对不同评估模型的评估结果的直观对比,进行评估方法对特定评估问题的适应性评价,从而为评估方法优化选择提供依据。例如,对于武器装备的论证阶段的评估问题,由于武器装备仿真数据不足,以专家经验为主的评估方法是较好的选择。我们可以选取几种专家评估方法,建立方法可见的评估模型,通过对模型运行结果的对比分析,实现对评估方法的取舍和优选。

另外,评估方法是多样的,每种评估方法各有优劣,不存在一种方法集所有优点于一身。对于复杂评估问题,需综合运用多种评估方法,各种方法取长补短、优势互补,才能达到令人满意的评估效果。例如,对于装备体系的作战效能评估问题,采用效用函数 + AHP 方法,能够较好实现专家信息和仿真信息的融合,以及定性评估和定量评估的综合运用,是此类问题的有效解决方案。

4．评估解算流程的可重组问题

评估解算流程的可重组是指评估用户在评估解算流程可分解的基础上,能够根据需要选择不同的流程环节,生成针对不同应用的流程结构,体现了评估解算流程的可变性和可扩展性,即评估解算流程的柔性。

评估流程的可变性是指评估指标解算先后顺序可调,甚至允许并行计算。例如,对于 ADC(可用性、可信性和固有能力)评估框架,三个指标可采用任意的解算顺序,哪个先算,哪个后算,对评估结果没有影响。通过评估算法封装,设计评估建模单元,通过灵活调用评估建模单元,可实现灵活可变的评估解算流程。

评估解算流程的可扩展性是指评估流程具有层次性,同一层次的解算顺序可调,但上一层次指标的解算优先级要低于下面层次的指标,或者说底层指标具有最高的解算优先级。若下层某几组指标的解算方法和顺序一定,则可通过封装设计生成算法模板,甚至算法模板库,通过调用这些模板,可实现对评估模型的快速扩展,这就显著提高了评估模型的开发效率。

总之,评估模型与评估指标体系需建立外观的一致性,这就要求评估模型

具备与评估指标体系类似的树状结构;评估需求的多变性和多样性,这就要求评估模型具备较好的通用性和可扩展能力,评估建模环境的组件化设计是较好的选择;对于复杂评估问题,单一的评估方法的有效性显著下降,需进行多维评估信息的有效融合,以及多种评估方法的综合运用,这就要求评估建模环境具有对多种方法的集成能力;评估解算流程的可重组性也是评估模型灵活性的集中体现,以算法封装为基础的评估建模单元设计是确保评估解算流程可调,实现柔性评估解算的关键。

1.2.5 评估方法算子化

柔性评估建模是适应多样和多变的评估需求的必然要求,组件化设计是实现评估模型柔性的有效途径,树状评估指标体系要求评估模型具备与其一致的树状外观形式,以方便用户理解和调整评估模型,并便于不同类型评估用户的有效交流。因此,以评估方法算子化为基础的算子树形式的评估模型设计是实现柔性评估建模的较好选择。

1. 武器装备作战效能评估研究现状

对武器装备效能评估问题的研究,是国内外武器装备论证与评价领域的热点之一,已经有了大量的研究成果,为武器装备效能评估问题的算子化研究奠定了坚实的研究基础。

比较常用的武器装备作战效能评估方法包括 ADC(Availability – Dependability – Capability)评估方法、指数模型评估方法、概率模型评估方法、基于控制论的 SCA 评估方法、基于正负理想点的 TOPSIS 评估方法、基于效用函数的评估方法,以及模糊综合评估方法等。ADC 评估方法的应用不胜枚举,但多数情况下,是将 ADC 模型进行扩展以适应不同的应用;指数模型评估方法已应用于防空导弹武器装备作战效能评估;概率模型评估方法已应用于单舰反导作战能力评估;模糊综合评估方法应用于主战坦克作战能力的综合评价、雷达组网作战效能评估等领域;基于正负理想点的 TOPSIS 评估方法应用于作战型号方案优选等领域;基于效用函数的评估方法应用于舰艇作战能力评估领域;SCA 评估方法提出了一个包括有攻防双方的探测器、控制器和执行器评估的武器装备效能评估框架,利用子评估模型获取武器装备的作战效能,在导弹和舰船等武器装备作战效能评估实践中都得到了成功应用。

国内某些领域的应用系统中也出现了对算子的描述,如数据库技术领域的查询算子、更新算子,但是该算子只是一种功能上的抽象,并不是一种可见的实用元件,更谈不上算子元件库的构造。

在国外人工智能领域,支持人工智能方法集成的人工智能相关的算子元件库已经形成,并体现在人工智能的软件设计与实现上,这对评估方法算子化研究是一个重要启示。

2．评估方法算子化的基本思想

算子又称运算元,是代数学的一个重要概念,如模糊算子、遗传算子、三角求和算子和 Lagrange 插值算子等。能否将算子的概念加以拓展,使其与"树构造元件"的含义相吻合,也就是说,能否找到一种与武器装备作战效能评估问题单元(或子问题)相对应的实用的算子元件,实现武器装备效能评估的算子化,即合理封装武器装备效能评估方法,生成支持武器装备效能评估的工具集合,这就是评估方法算子化研究的目的所在。

我们可以作以下设想:评估指标体系是层次化的树状结构,如果评估模型能够以层次化的树状形式呈现给用户,评估指标体系与评估模型就实现了在外观上的高度一致,从而解决了评估指标体系与评估模型的外在统一性问题;如果层次化树状评估模型的各个树节点均对应为一个树构造元件,而这些树构造元件具有容纳若干其他树构造元件的能力,这样,选择不同的树构造元件就可以构造不同树结构模型,从而提高了评估模型的灵活性;如果这些树构造元件尽可能类化(或者说通用化),一个树结构模型就可以适用于一类问题,从而提高了评估模型的通用性。如果用评估方法的名称命名树节点元件,评估用户在构造评估模型时,就可以依据树构造元件的类别信息来选择评估方法,并可以通过评估算子树模型的构成元件知道评估解算所选用的方法,从而解决了评估方法的可知性问题;同样,将评估解算流程具有其层次性决定的树状结构,将树节点对应为树构造元件,不同的元件类型就可以构造不同的流程结构,从而解决了评估解算流程的可重组问题。

总结以上思路,可以看到,实现柔性评估建模的关键是树构造元件。树构造元件有如下几个特点。

1)容纳性

树构造元件具有容纳其他树构造元件的能力,这样树结构的生成才是可能的。而树结构正是评估模型的层次化的体现,与评估问题的层次性相一致。例如,要构建一个层次化的树状结构的评估模型,在评估建模过程中,除底层指标对应的树构造元件无需容纳性之外,其他指标对应的树构造元件必须具备容纳其他元件的能力;否则,树状结构无法实现,实现的是线性结构,这无疑与评估指标体系的外观相悖,无法实现直观可读的评估建模。

2)封装性

树构造元件作为树生成单元,具有一定的独立性,只有这样,灵活的元件组装才是可能的。元件可以封装评估方法,从而使得以评估方法命名元件合理化。当然,元件也可以封装其他操作,如数据加载操作,以适应评估解算流程的重装配问题。通过封装指定评估方法的若干解算环节,可设计针对该评估方法的评估算子,作为基于该方法进行评估建模的建模单元。而对评估方法的算法封装过程,其实质就是评估方法的算子化过程。

3)重用性

树构造元件的独立性使其具备了重用性,这就使得树模型的通用性与灵活性的实现成为可能。例如,同一层次的评估指标可对应同一树构造元件,即用同一树构造元件(建模单元)实例化该层次的指标解算模型单元,只将树构造元件命名为相应的指标名称,相关属性设置体现各个指标特性即可,这就体现了对树构造元件的重用。另外,由若干树构造元件构造的树结构,可将其作为树模板,通过增加、减少或修改相关属性,以适应不同评估需求,这就体现了树结构的重用性。例如,将设计好的无人机作战效能评估模型存储为无人机评估模板,将其重用,并作适当扩展的属性修改,可适应多种类型的无人机,包括侦察无人机、电子干扰机和反辐射无人机等武器装备的作战效能评估需求。

4)扩展性

既然树构造元件的封装性很好,那么可以通过修改其封装的内容,扩展树构造元件的功能。这样,评估树模型的通用化才是可能的。也就是说,从树构造元件设计的角度考虑,鉴于其对算法的有效封装,通过对算法的改进和修正等操作,可实现对树构造元件的改进、扩展和升级,无需修改整个评估模型,只需进行有关算法的修正,即可实现对评估模型的扩展和升级,从而大大降低评估建模成本。这也是适应评估需求变化的有效手段。

综合以上分析,算子是比较理想的树构造元件,进行评估方法算子化研究,设计基于评估方法的算子形式的评估建模元件,是解决武器装备作战效能柔性评估建模的有效途径。武器装备作战效能评估的算子化研究,其基本思路就是施加目标归约过程于武器装备作战效能评估问题,生成针对武器装备作战效能评估问题的问题求解树,对应为评估指标体系;针对常用评估方法,依据算法流程,封装相关算法,设计对应评估方法的算子集,作为评估建模单元;将评估问题求解树的问题节点,即评估指标树的叶子节点映射为算子,生成针对武器装备作战效能评估问题的算子树模型,即完成了该武器装备的作战效能评估建模。目前,本书已实现针对效用函数方法、TOPSIS 方法和 AHP 等常用方法的算子化,建立了相应的算子元件集,为柔性评估建模奠定了较好的技术基础。

1.3 柔性评估建模的特点

Beamon Benita 归纳了一些高效的优秀评估系统的一些特性,作为评价评估系统优劣的标准,包括:包容性(Inclusiveness,可实现对象全面的评估)、普遍性(Universality,可通过简单调整适应同类中的多种或多个评估对象)、可度量性(Measurability,数据可获取及评估结果可量化),以及一致性(Consistency,评估解决方案与评估目标达成一致)。这些标准与以上提出的柔性评估需求是相吻合的,即要求在评估建模时体现包括可选取式的指标体系、可组合式的模型方法、可综合的评估方法和可重用的评估模板等柔性评估思想。

1.3.1 可重构的评估指标体系

评估指标体系是评估问题表达,是用户针对评估问题建立的解决评估问题的概念模型,直接体现评估需求。即便是针对同一评估对象,评估需求也是多样和多变的。例如,雷达装备在其全寿命周期的不同阶段,其作战效能评估的目的是不同的,前期注重指标优化,后期注重作战使用方案优化,不同评估目的所体现的评估需求是不同的。另外,由于军事斗争形势的变化,装备技术的进步,装备体制的发展等,军方对武器装备的价值取向是根据情况有所调整变化的。例如,在当前的信息化条件下,具备功能一体化的武器装备更受关注,因而一体化作战能力也就成为武器装备效能评估的重要指标之一。

评估指标的可重构性,是指评估用户进行评估建模时,在评估建模工具支持下,能够根据评估需求变化,通过适当调整(通过指标增减、替换等操作),实现对评估指标体系的重构。可见,评估指标体系的重构性体现了评估建模系统的一种能力,是实现柔性评估建模的重要环节。

总之,由于评估指标体系直接体现评估需求,评估需求是多样和多变的,评估指标体系能否适应评估需求的变化,是衡量评估建模系统是否具备"柔性"的标准之一,也是进行柔性评估建模的重要环节,这就要求评估指标体系具备可重构性。不需要建模工具设计人员对底层建模元素进行重新设计,评估建模人员可根据评估需求变化,灵活调整评估指标体系,实现对其重构。

1.3.2 可综合的评估方法集合

评估对象是多样的,很多评估对象是相对比较复杂的,如雷达组网系统、装甲装备体系等,针对复杂评估对象的评估问题也是比较复杂的,需考虑诸多方面和诸多因素的影响。而且,未来战争是体系与体系的对抗,武器装备作战效能评估是体系作战能力和作战效能评估的重要组成部分,该类评估问题的复杂程度不是单个武器装备作战效能评估所能比拟的,单一的评估方法往往是不能胜任的。

常用的评估方法,如 ADC 评估方法、指数模型评估方法、概率模型评估方法、SCA 评估方法、TOPSIS 评估方法、效用函数评估方法等各有优缺点,它们各自的使用对于不同应用场合是不同的。有的评估方法适宜于作为评估建模框架,指导评估指标体系的拟定,如 ADC 方法;有的评估过分依赖于模型属性值,对评估对象的变化适应能力差,如指数模型评估方法;有的评估方法需大量作战使用数据支撑,如没有针对该评估对象的仿真数据支持,该方法的有效性也势必大打折扣,如 TOPSIS 评估方法;有的方法依赖于专家经验,评估结果的客观性就取决于专家的水平和多寡等因素,如层次分析法。采用多方法综合运用的思路,可达到多种方法取长补短、优势互补的目的。下面是可用的几种多评估方法的综合运用方案。

1. ADC 评估方法发展为 ADCE 评估建模框架

鉴于 ADC 方法对评估指标体系拟制的导向意义,以及在复杂电磁环境中工作的电子对抗装备对电磁兼容性的要求,将适用于常规武器装备作战效能的ADC 效能评估方法,拓展为与电子对抗装备作战效能评估需求相适应。ADCE作战效能评估建模框架,从电子对抗装备的可用性、可信性、能力和电磁兼容性四个方面考虑其作战效能评估指标的拟制。

2. ADCE + SCA + TOPSIS 或效用函数评估方法综合方案

利用鉴于效用函数法和 TOPSIS 法对专家信息和仿真信息的有效融合的优势,用效用函数法或 TOPSIS 法的评估思路代替传统的 ADC 评估方法中的矩阵构建思路,用 SCA 的控制论思想指导装备作战能力指标的分解,通过 ADCE 方法算子、效用函数评估算子或 TOPSIS 评估算子的有效组合,实现 ADCE + SCA +TOPSIS 或ADCE + SCA + 效用函数的多方法综合的思路。

3. ADCE + AHP 评估方法综合方案

该方法组合主要适用于专家数据为主的综合评估,基本思想是用 ADCE 指导评估指标体系的构建,采用 AHP 方法解算评估指标。

对 TOPSIS 方法、效用函数法和 AHP 方法的相关算法进行封装,设计针对各种评估方法的算子元件,作为评估建模单元,评估建模用户,根据需要选择恰当的评估方法和综合运用方法。在对应方法的评估算子集中,选择对应的算子元件,将依据 ADC 框架或 SCA 框架拟定的评估指标体系的各个节点实例化为相应算子元件,并命名为对应指标名称,如此构建的评估模型即可实现对多种评估方法的综合运用。例如,对于雷达武器装备,选用效用函数 + AHP 综合方案,评估用户可选用效用函数相关算子和 AHP 相关算子作为评估建模单元,从而实现对两种方法的综合运用。

1.3.3　可组合的评估建模单元

评估建模单元是评估建模的基础,为有效支撑对针对多种评估对象、融合多维评估信息,体现定性定量相结合思想的柔性评估建模,需建立评估建模单元集合。这些评估建模单元应依据封装算法的关系进行分组管理,各组对应一种评估方法,如效用函数算子集、TOPSIS 方法算子集、AHP 算子集等。如此一来,不仅方便用户操作,且对评估建模支撑环境的建模能力一目了然。评估建模工具设计人员可通过不断丰富和充实算子元件库,实现对评估建模工具的不断升级和优化。

每个评估建模单元是评估建模的基础,应具有一定的独立性。或者说,每个评估建模单元,单独负责一项"任务",即封装某一算法,进行某个评估解算操作,与其他建模单元只进行数据交换,不进行协同运算。

然而,各个评估建模单元也不能完全独立,否则,评估建模单元就完全不具备可组合性了,评估建模单元作为评估建模基础就失去了意义。那么,评估建模单元间的"组合"是如何实现的呢? 简单来说,就是通过数据交换。评估建模单元的实质是算法模块,其输入输出接口是它与其他算子建立关联的数据通道,正是通过这种数据关联性,多个评估建模单元组合成为一个具有评估指标解算功能的评估模型单元,该模型单元可直接支持评估指标的解算,也可作为算法模板,丰富评估建模所需的素材库。

总之,评估建模单元的可组合性是实现柔性评估建模的前提所在。

1.3.4　可匹配的评估模板工具

如前所述,评估对象是多样的,评估对象是发展变化的,评估对象有时是异常复杂的,因此评估问题是形形色色的。对于武器装备作战效能评估问题,其评估对象是武器装备,而武器装备依据功能组成、作战使用等是可以分类的,如装甲武器装备、导弹武器装备、电子对抗装备等。而且,装备在简单分类基础上还可以进一步细分,例如,导弹武器装备可分为巡航导弹武器装备、反舰导弹武器装备等;电子对抗装备可分为无人机电子对抗装备、专用电子对抗飞机装备等。进一步讲,各类各种武器装备所对应的作战效能评估系统也是可以分类的,如导弹武器装备的作战效能评估问题可根据其自身特点抽象出一个评估模式,这种模式可用于具体的武器装备作战效能评估问题,如巡航导弹作战效能评估时,就可通过匹配导弹武器装备作战效能评估模式,通过适当扩展,快速生成巡航导弹武器装备作战效能评估问题解决方案。

以上思路也符合人们的一般认知规律,即归纳演绎法。从柔性评估建模的角度考虑,通过对评估问题模式的抽象,建立针对不同评估问题的概念形式的解决方案,如要在评估建模时起到实质性的支持作用,就需将评估模式进一步固化为可操作的评估解算模型,即评估模板。在对多种评估问题的抽象过程中,就可生成针对不同类型评估问题的多个评估模板。在进行评估建模时,如能匹配评估模板库中已有的评估模板,在此基础上稍加扩展,即可快速构建针对某具体评估对象的评估模型,这将大大提高评估建模效率。可见,通过不断丰富评估建模工具的评估模板,评估建模工具的评估建模能力也得到不断提升,这也是柔性评估建模的重要体现。

1.4 柔性评估建模研究的意义

从柔性概念的出现、柔性思想的形成,一直到柔性仿真在军事领域的成功应用,柔性建模已作为一种新的理念而深入人心。评估是一个极其宽泛的概念,人们生活中的各个领域,几乎都有评估的用武之地,如学校中对学生学习能力的评估,企业中对工作绩效的评估等,尤其是在军事领域中对武器装备作战效能评估更为重要。

近年来,国内外仿真领域新的思想、理论和应用系统不断出现,发展趋势是建模方法的多元化,仿真模型的组合化,仿真系统的互操作、重用和虚拟化,仿真应用的多样化。面对这种大趋势,尽管国内外仿真界的表述方式和所使用的概念、术语各不相同,但很多研究文献都反映出一个共同的仿真理念:先进的仿真必须具有柔性,即仿真方法、模型框架和体系结构必须是灵活、可变的。美国国防部倡议的"基于仿真的采办"(SBA),美国国防部提出的仿真"高层体系结构"(HLA)、美国国防部的大型仿真项目"联合建模仿真系统"(JMASS)、著名的建模仿真环境 STAGE 等,也都将柔性作为主要目标之一。可以说,柔性仿真在某种程度上集中反映了当前国际仿真界对新一代仿真系统的理论思考和研究实践。

随着仿真技术的发展及其在军事领域的广泛应用,柔性建模思想很快在仿真领域找到了用武之地。基于仿真的评估(SBE)是 SBA 思想的重要组成部分,它进一步推动了仿真评估过程的一体化。仿真领域需求的多样化、模型的组合化、建模方法的多元化等趋势很快体现和延伸到评估领域,仿真领域的任何新思想和技术,对评估都起到一个示范和引领作用。

因此,柔性评估建模方法是适应仿真评估一体化发展的需要,是适应评估对象多样化、评估需求多样化、评估目的多变性的必然要求,是体现现代柔性建模思想、顺应柔性软件发展趋势的必要举措,是提升评估系统能力、提高评估建模效率的有效手段。

1.4.1　体现评估目的的多样性

评估的目的与评估的应用领域密切相关,对于武器装备作战效能评估领域,评估目的的多样性主要体现为如下几个方面。

(1)武器装备发展全寿命周期的不同阶段,所对应的评估目的是不同的。武器装备的全生命周期包括立项阶段、研制生产阶段、交付使用阶段、使用阶段和退役阶段。立项阶段的作战效能评估主要用于装备战术技术指标优化,以及装备规模结构优化;研制生产阶段的作战效能评估主要用于器件和使用工艺的优选;使用阶段的作战效能评估主要用于装备战术战法推演和对装备驾驭能力的提高等。

(2)武器装备的作战使命、任务和组成各有差异,对应不同类型的武器装备间、不同武器装备对象间的评估目的都是有差异的,相应的评估模型应是不同的。对于武器装备,有多种分类方法。依据作战任务不同,可分为指挥控制装备、战场感知装备等,对应的作战效能评估目的为装备指挥控制能力评价、装备战场感知能力评价等;依据作战空间不同,可分为地面装备、空中装备、临近空间装备等,对应的作战效能评估目的为地面作战能力评价、空中突防和进攻能力评价、临近空间作战能力评价等;依据作战目的不同,可分为侦察装备、干扰装备等,对应的作战效能评估目的为侦察能力评价、干扰能力评价等。

评估目的是评估建模的起点,多样的评估目的需要评估模型具备较好的扩展性和移植性,而基于建模元件的柔性评估建模,能够根据需要进行评估元件取舍和元件属性调整,使得所建评估模型能够较好地适应多样的评估目的。

1.4.2 体现评估需求的多变性

就武器装备作战效能评估领域而言,作战效能评估的应用主要体现在如下几个方面。

1. 对武器装备发展论证的决策支持作用

在武器装备发展早期,对装备的战术技术指标论证时,需要一定的量化分析数据作为论证依据,其中武器装备作战效能就是指标优选和优化的重要依据。另外,武器装备规模结构优化也是装备论证的重要方面。不论是指标优选还是装备规模结构优化,都受到军事斗争变化及技术发展水平的制约,正是两者的不确定性和复杂性决定了评估需求的多变性。

2. 对武器装备战术战法研究的决策支持作用

在武器装备研制使用阶段,进行针对各种装备在一定战术背景下的战术和战役推演活动,通过仿真手段,构建模拟的作战环境和作战活动,不仅节省人力物力,且可重放,是进行装备战术战法研究的重要手段。而依赖于仿真数据得到的武器装备作战效能量化评价值,是战术战法取舍和优选的重要依据。战术和战役需求以及战术和战役推演过程存在诸多不确定性,这就决定了其对应的评估需求也是多变的。

3. 对武器装备操作演练的训练支持作用

兵力和装备是部队作战力量体系的重要组成部分,它们两者之间是否能够有效融合,对于战争的胜负至关重要。而促进兵力和装备间有效融合的重要手段,就是在平时有计划进行的对武器装备的操作演练活动,即训练。训练就离不开考核和评估,评价训练好坏的依据就是训练所针对的武器装备作战效能的好坏,即作战能力的发挥程度。因而,作战效能评估是装备训练的重要和必要环节。训练评估的目的是评估人员和装备间的融合能力,其中,人是主体,是装备的驾驭者,人在操作过程中的不确定性必然传递到训练评估阶段,导致评估需求的多样化。

评估需求是评估建模的依据,多样的评估需求要求评估系统具有好的适应性,而柔性评估建模的目的恰恰就是提高评估系统的适应性。

1.4.3 提高评估建模效率

评估对象是众多的,有的甚至是比较复杂的,针对每个评估对象重复进行评估建模,不仅耗时耗力,且不利于评估模型的组合和重用,是对评估模型资源的极大浪费。

柔性评估建模,强调评估模型的单元化设计,通过评估建模单元组装模型,选择不同数量和类型的评估建模元件,可构建不同的评估模型,这就类似于"搭积木",通过建模元件间的互操作,实现评估模型间的互操作。

另外,对于某一给定的评估模型,通过建模元件的增加、减少、替换等操作,以及对建模元件的属性修改,如元件名称的修改,就可方便实现对该评估模型在其他评估对象的移植。

将某些评估模型存为模板,评估建模时,可根据需要匹配合适的评估模板,对该模板进行适当扩展,即可快速建立需要的评估模型,这就显著提高了评估建模效率。

总之,柔性评估建模强调单元化设计和模板化设计,这就有利于模型重用和模型组合,可避免不必要的重复开发,能够显著提供评估建模效率,是顺应评估模型资源共享发展趋势的必然选择。

1.4.4 推动仿真评估系统优化升级

仿真评估系统是通过仿真手段获取仿真对象相关数据,在此基础上进行分析评估,得到对评估对象的定量评价结果,是基于仿真评估思想的软件实现。在军事领域,常见的仿真评估系统有装甲装备作战效能仿真评估系统、巡航导弹突防作战效能仿真评估系统,舰船武器装备作战效能仿真评估系统等,通过建立对应武器装备的仿真模型,并在一定战术背景下进行仿真运算,运算结果导入评估模型,作为武器装备作战效能评估的重要依据。在这些系统中,仿真模型和评估模型是系统的重要组成部分,前者为仿真计算提供模型支持,后者为评估解算提供模型支持。

从仿真评估用户的角度考虑,需要一个基础的仿真建模开发平台,在该平台支持下,可根据需要构建合适的仿真评估系统,支持多样和多变的仿真评估需求。由于这种平台具有对多种应用和多个对象的适应性,因而具有柔性,是柔性仿真建模平台,如 sim2000 仿真评估平台。其中,仿真建模环境和评估建模环境是柔性仿真评估平台的重要和必要的组成部分。评估建模环境的柔性建模能力是整个仿真评估系统柔性的重要体现。所以,评估系统的适应能力、扩展能力等性能的提高,会极大推动柔性仿真评估系统的性能提升,实现对系统的优化升级。

第 2 章　柔性评估建模的方法论基础

随着科学的发展和技术的进步,评估建模在教育、管理和军事等多个领域都找到了用武之地。而评估对象是日益多样和复杂化的,对应的评估需求越来越表现出多样和多变的复杂特性。柔性评估建模理论和方法,正在为顺应评估需求的这种复杂变化趋势而形成和发展,人工智能领域的目标归约理论,软件工程领域的柔性软件思想和技术,柔性仿真领域的柔性建模实践等都为其奠定了方法论基础。

2.1　基于人工智能的目标归约理论

人工智能是一门复合交叉新兴学科,属于自然科学与社会科学的交集。人工智能的本质是对人类思维的信息传播、行为控制等过程的模拟,主要应用于人工智能控制,机器人语言学和图像识别,以及遗传工程编程等控制领域。研究内容包括知识表示、图像识别、专家系统、机器人和语言识别等方面。目标归约又称问题归约,就是人工智能学中知识表示的重要方法,是解决复杂问题表达的有效方法。

评估问题的解决也需遵循一般问题求解过程,即要实现目标问题到问题表达,再到问题求解方案的有效映射。对于复杂评估问题,有效的评估问题表达对于评估问题的求解至关重要,只有有效的评估问题表达,才能为有效的评估问题求解奠定基础。采用目标规约方法,将评估目标问题表示为层次化的问题单元,能够达到化整为零、各个突破的效果,是解决复杂评估问题求解的有效途径。可见,人工智能学的目标归约理论为柔性评估建模方法论的形成奠定了理论和方法基础。

2.1.1　目标归约基本思想

目标归约(Problem Reduction)是一种问题描述与求解方法。已知问题的描述,通过一系列变换把该问题最终变为一个子问题集合;这些子问题的解可以

22

直接得到,从而解决了初始问题。从目标(要解决的问题)出发逆向推理,建立子问题以及子问题的子问题,直至最后把初始问题归约为一个平凡的本原问题集合,这就是目标归约的实质。

解决任何问题的起点是对目标问题的有效表达,而目标问题的求解往往不能一蹴而就,需要通过对若干子目标问题的求解,才能最终实现对目标问题的求解。一般来说,依据目标归约思想,将子目标问题和目标问题表达为层次化的树状结构,即目标问题求解树,是比较好的问题表达方法,这样就使得目标问题化整为零,容易求解。由目标问题得到问题求解树的过程称为目标归约过程,人工智能中的问题求解很强调目标归约的作用。下面给出一个问题求解树的示例,如图 2 - 1 所示。

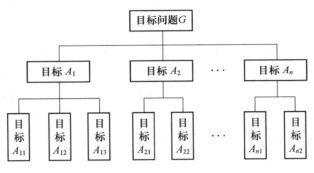

图 2 - 1　问题求解树示例

2.1.2　目标归约基本过程

目标归约基本过程采用如下思路:

(1)确定目标问题 G 的问题求解步骤。例如,求解问题 G 可以通过步骤 A_1 和 A_2 来实现,那么原始问题 G 分解成为子问题 A_1 和 A_2。对子问题 A_1 和 A_2 的求解具有时序关系。

(2)分解子问题 A_1 和 A_2,得到更细化的问题求解步骤。例如,对于子问题 A_1,可进一步细化为 A_{11}、A_{12} 等。依此类推,直到问题不能再细化为止。

概括起来,目标归约过程就是将目标问题分解为若干更简单的子目标问题,子目标问题再继续分解,直到目标问题不能分解为止,该过程就生成一个层次化的目标问题求解树,每个树节点对应一个子目标问题求解方案。目标问题求解树有以下特征:不同层次的问题节点具有包含关系,即"父"节点的求解取决于"孩子"问题节点的求解。也就是说,对于每个树节点 G,只要所有子目标 G_1,G_2,$\cdots$,G_n 都解决,则 G 即解决,否则 G 问题就得不到解决。

2.1.3　基于算子树的问题求解方法

算子又称运算元,是代数学的一个重要概念。软件层次上的算子是封装了一定操作的应用组件。算子间通过数据接口进行交互,其交互关系包括包含关系和时序关系。包含关系的含义:如果算子 A 包含算子 B 和算子 C,则算子 A 的求解是通过算子 B 和算子 C 的求解实现的。时序关系的含义:如果算子 A 和算子 B 具有时序关系,则算子 A 和算子 B 在同一个问题层次,且算子 B 的求解以算子 A 的求解为前提,即算子 A 和算子 B 是同一"父"算子的"孩子"算子,算子 A 的输出是算子 B 的输入。算子有复合算子与原子算子两种类型。复合算子是包含其他算子的算子,表现为算子树中除底层节点算子外的其他算子;原子算子是不包含其他算子的算子,表现为算子树的底层节点算子。如图 2－1 所示,针对该问题求解树设计算子树问题求解模型时,问题树的底层节点应选用原子类型的算子,其他问题节点应选用复合类型的算子,由此即可建立树状的问题求解模型。

可见,将问题求解树的每个节点对应为一个算子,封装对应节点的问题求解方案,就生成一个层次化的算子树,该算子树就是针对目标问题的问题求解模型。通过算子间的数据交互,即可求解目标问题。这样的问题求解过程达到了化整为零、各个突破的效果。

概括起来,基于算子树的问题求解方法,就是对目标问题实施目标归约过程,生成层次化的问题求解树,问题求解树进一步映射为层次化的算子树,通过算子间的数据交互,求解目标问题。该方法的关键是问题求解树的生成,更进一步说就是算子的设计。基于算子树的问题求解方法,体现了目标问题到问题表示进而到问题解决方案的两次映射。而且,算子树层次化的树状结构达到了较好的可视化效果,便于用户对问题本身和问题解决方案的理解,以及对问题求解方案的灵活调整。所以,基于算子树的问题求解方法是解决复杂问题求解的一种有效途径。

2.2　基于软件工程的柔性软件理论

在软件的全寿命周期中,反映各种形式的变化是一个不可避免的问题。软件所面临的挑战也主要来自于多种多样的变化的需求。软件只有适应这些变化才能与时代同步。为了提高软件开发效率,大幅度降低软件研发成本,保障开发的高质量与实现模块的重复利用,在软件开发和研究实践中,逐步形成柔性软件设计理论。

在武器装备作战效能评估领域,评估软件是进行评估解算的支撑工具,同样面临着对复杂需求的适应问题,只有采用柔性软件设计方法,才能有效应对需求多变和多样对评估软件提出的挑战。可见,柔性软件设计理论为柔性评估建模的实现奠定了方法和技术基础。

2.2.1　柔性软件基本思想

柔性思想起源于机械制造系统。柔性制造系统是包括多个柔性制造单元,能够根据制造任务或生产环境的变化迅速进行调整,适用于中小批量和较多品种生产的高柔性高效率的制造系统。后来柔性思想逐渐运用到企业管理之中,这些都为柔性软件的提出奠定了思想基础。

目前,"柔性"一词在学术界尚未达成统一的认识,它泛指适应变化的能力和特性。所谓柔性软件,简单来讲,就是在对软件本身不做修改或做少量修改的情况下,只通过改变一些相关的外在因素,就能够适应新的环境要求的软件。其中,新的环境指的是在同一领域内的一定程度上的变化后的环境。例如,柔性评估系统,就是可以通过评估模型单元的替换、删除、属性修改等操作,轻松实现评估模型的重构,以适应多种评估需求和评估需求的变化的评估软件。评估软件的柔性设计需求,是适应评估领域需求复杂变化趋势而提出的,是评估软件发展的必然趋势。

2.2.2　柔性软件技术基础

软件复用技术、软件框架技术、软件体系结构等思想和技术的出现为柔性软件奠定了技术基础。这些技术不仅在非柔性软件的开发过程中起到了巨大的推动作用,节省了大量的人力财力资源,而且在柔性软件的开发过程中也起到了巨大的推动作用,促进了柔性软件的进一步发展。其主要原因在于,柔性软件的开发相对于非柔性软件来说,复杂度难度都要大,这就要求有一些技术的出现来缩短开发周期,这些技术的出现无疑会缩短柔性软件的开发周期,提高软件质量、可维护性和可靠性,使开发柔性软件成为可能。

尤其是框架技术、构件技术,对柔性软件的开发更是举足轻重,构件可以说是整个柔性软件中最灵活的、相对完整的一个独立组成部分。倘若模型参数的改变通过构件来实现，将会提高软件的灵活性，增强该软件的柔性。当然，如果这一切都建立在框架技术的基础之上，那么这套系统将更加可靠，更加完善。

基于功能组件(如算子和框图)的建模技术就是一种重要的构件技术，是柔性评估建模的技术基础，也是柔性评估软件开发的技术基础。

2.2.3 柔性软件层次

概括说来，柔性软件系统主要从如下两个层面来体现其柔性。

1. 面向普通用户的柔性

当用户需求发生变化时，原有软件系统不必由开发人员修改设计，用户可以通过软件提供的友好界面，对软件的功能自行进行动态配置或调整，调整后的软件不需要进行编译就可以使用。

2. 面向开发人员的柔性

当开发一个新的应用系统时，不必从头开始设计和编写大量的程序代码，而是充分利用已有的可重用资源，调整、重新组装或稍加修改可用资源，即可组成新的系统。

对于柔性软件，用户主要是通过对可视化对象的操作，来完成建模、实例化、结果分析和结果输出等。以柔性评估建模而言，建模单元的编辑、数据的修改、相关属性的调整、输出结果表现方式的选择等，都属于面向用户层次的柔性；增添新的评估建模单元和评估模型模板等属于面向开发人员层次的柔性。

2.2.4 柔性软件特性

下面介绍柔性软件的表现特性。

1. 易变性

易变性就是指用较小的代价实现软件的形和态的变化。所谓较小的代价，就是指无需重新编写程序代码，只需在已有资源的基础上，通过修改属性、模型单元编辑等简单操作，无需重新编译即可实现软件重构；所谓软件形的变化，就是指软件的外在形式发生变化，如装甲装备作战效能评估软件和巡航导弹作战效能评估软件，由于两者的应用目的的差异，软件的外在形式是不同的，主要表现为评估指标不同；所谓软件态的变化，就是指软件的属性状态不同。例如，装甲装备作战效能的评估系统，由于其评估需求不是一成不变的，其评估指标体系也是随之变化的，能够适应这种需求变化的软件才真正具有"柔性"。

2．适应性

适应性是指利用软件的柔性可以适合和满足对软件新的要求,体现了软件应对外部变化的能力。例如,不同针对武器装备的作战效能评估系统,其评估需求是不同的,战场感知类装备强调对其探测能力的考察,装甲装备强调对其机动能力和火力能力的考察,飞行器强调对其生存能力的考察,电子对抗装备还需考察其电磁兼容性能的好坏,可见,柔性评估软件应当能够适应评估需求的这种多样性。另外,对同一种武器装备,其评估需求在装备发展不同阶段也是有差异的,柔性评估软件也应当具备对这种需求变化的适应能力。

3．平稳性

平稳性是指软件在柔性变形时,基本特征和基本功能不变。其中,导致软件变形的变化是协调的、有限的,且一处的变化不会导致软件的其他部分失效。适应变化能力是持久的,不是忽有忽无,软件的模块化和层次化设计能够确保模型单元的封装性,是应对这种变化的有效途径。

4．可控性

可控性是指用户可以按需要控制变化时机、变化程度和保持变形。例如,基于算子的评估建模系统,用户可根据评估需求,选择恰当的评估算子元件,进行算子树模型的构建,并可根据需求的变化灵活调整算子的类型、算子的属性等,实现对算子树评估模型的直观灵活的重配。

5．再现性

再现性是指可以借助操控力变形,也可以借助操控力来恢复变形,可以在相同的要求和条件下,重复进行柔性变形。例如,算子树模型的层次结构、算子的类型、算子属性等的变化和调整,可通过可视化的操作接口进行,且这种操作应是完全可逆的,从而确保评估建模的灵活可控。

软件柔性中具有变化性,在软件柔性变形中,主要体现出如下两种变化的特性:

(1) 以不变应变,是指软件的构成元素,即软件的形不发生变化,仅仅通过软件的态的变化来满足用户变化的需求。

(2) 以变应变,是指软件的构成元素,即软件的形发生变化,通过软件形和态的共同变化满足用户变化的需求。

总之,柔性软件面对多变和多样的需求,能够通过平稳、可控、可再现的灵活变化,最终满足用户的需求,体现较强的适应能力。

2.2.5 柔性软件应用

电子计算机经历了近半个世纪的发展之后,计算机软件现在已经广泛应用于各行各业,在社会、教育、军事等各个领域发挥着越来越重要的作用。正是随着计算机软件日益广泛的应用,其规模越来越庞大,复杂程度也不断增加,人们开始逐渐认识到"软件危机"的存在。这主要表现在以下几个方面:

（1）软件对用户需求的适应性差,不能完全满足用户的需求;

（2）软件的可维护性差,对用户和设计人员的适用能力不够;

（3）软件开发周期长、开发成本高;

（4）软件质量不能得到保证。

导致上述一系列问题的一个重要原因,就是软件的研制和维护本身未能工程化。软件工程技术就是为了克服软件危机逐渐发展起来的,它主要研究软件结构、软件设计方法、软件工具、软件工程标准规范和软件理论等。柔性软件设计方法,是在软件复用技术、软件体系结构、构件技术、框架技术等的推动下形成的,它是软件工程化的重要研究内容和理论成果,是增加软件的适用性和可用性,从软件维护、软件质量满足用户需求、降低成本等各方面来缓解软件危机的有效途径。

柔性软件技术顺应了软件发展趋势,因此,其相关理论和方法一经出现就受到了广泛关注,开展了柔性软件平台、柔性软件开发规范等研究,并应用于企业管理、工业生产、经济、军事等领域的软件开发中,产生了显著的科学和应用效益。柔性评估软件,就是柔性软件技术应用于评估领域的产物,它是武器装备作战效能评估领域的技术进步,必将对武器装备作战效能评估的研究和实践起到巨大的推动作用。

2.3 柔性仿真建模理论

系统仿真是一项应用技术,是一种基于模型的活动,仿真建模是仿真过程中必不可少的重要环节。系统仿真技术以其成本低、周期短等优点在包括军事的多个领域得到了应用。在武器装备发展全寿命周期中,将仿真技术作为重要的支撑技术,在装备论证、产品设计、训练模拟等方面建立了大量的模型和仿真系统。这些模型和仿真系统应能兼容多种建模方法的使用,支持建模仿真人员的协作和模型、仿真系统的互操作与重用,这就要求仿真的方法和工具需要有更多的灵活性。正是顺应仿真应用的这一发展趋势,出现了如 sim2000 平台的柔性仿真方法和工具。模型是仿真的基础,柔性仿真建模是柔性仿真研究时必不可少的重要组成研究内容,而且,从其理论的提出到现在,已经积累了大量研究成果,对柔性评估建模有很好的借鉴意义。

另外,基于仿真的评估是柔性仿真和探索性评估方法论的重要组成部分,从这个意义上讲,仿真和评估是互为基础、互相依存的,仿真建模和评估建模是一体的,柔性评估建模的实现对柔性评估建模具有示范意义,并为其奠定了应用基础。

2.3.1 柔性仿真基本思想

系统仿真技术已经广泛应用于武器装备采办,它在发展论证、产品设计、生产制造、试验鉴定、作战使用、训练模拟等方面建立了大量的仿真模型及相关仿真系统。然而,我们正面临一个十分紧迫的问题——用于不同领域的仿真模型之间及仿真系统之间缺乏互操作性,大多数模型和系统开发工具的专业化程度很高,可扩展性差,严重制约了装备管理部门与装备论证、军事应用、国防工业等部门多领域、全过程协作和资源共享;再者,由于缺乏统一的建模仿真标准和描述规范,模型、仿真和数据库等资源没有重用性。现有的模型和仿真系统一般都是针对专门的工作职能或专业领域而设计开发的,在类型和功能划分上还比较混乱;此外,几乎每一种工具都采用了自己独有的模型语义及仿真运行控制和数据管理机制,工具之间缺乏互操作能力,无法适应武器装备全寿命仿真支持的要求。因此,采用统一的体系结构和一致的描述规范,提高仿真的集约化、系统化水平,通过武器装备全寿命周期的数据、工具和技术共享,增强建模仿真面向多领域应用的可扩展性、可重用性和互操作性,成为采办仿真发展的方向。

学术界比较一致的看法是,支持不同领域应用的全寿命建模仿真环境是由多个可以互连、互操作、支持模型和仿真系统重用的建模仿真环境组成的联合体,而非一个功能齐全的单一的系统仿真环境。某一建模仿真环境应在其应用的领域内具有较强的适用性,尽量适应不同层次的仿真需要;适用于不同应用领域的建模仿真环境在统一的框架下互连为一体,可以解决多领域的应用问题。应该指出的是,系统的互连问题是广泛存在的,不仅可能存在于不同领域的仿真系统之间,也可能存在于同一领域的不同层次或不同类型的仿真系统之间。

因此,从仿真支持工具的角度看,所谓仿真的柔性问题,可以归纳为适应多方法、多层次应用需求的领域建模仿真环境设计问题,以及不同领域或同一领域不同类型的多个仿真系统互连问题。其目的是使系统仿真环境能够比较广泛地适应多种应用需求,即具有"柔性"。

2.3.2 柔性仿真的特点

近十几年来,国际、国内仿真领域的发展趋势是建模方法的多元化、仿真系统的互操作、重用和虚拟以及仿真应用的多样化。柔性仿真是其中一个很重要的分支。美国国防部倡议的"基于仿真的采办"(SBA)、仿真高层体系结构HLA、大型仿真项目"联合仿真系统"(JMASS)以及著名的建模仿真环境 STAGE等,都将柔性作为系统建设的主要目标之一。柔性仿真方法主要是指建模仿真过程中的建模框架和仿真算法具有广泛的适应性、扩展性和集成性,同时建模框架所容纳的模型应具有良好的可重用性。

在支撑武器装备采办的仿真系统中,存在需要不同方法建立的以反映论证系统不同方面的各种模型,如系统效能模型、寿命周期费用模型、工作可靠性模型等。这些模型在不同的层次上反映了装备系统研制、使用和管理的方方面面,采用某一种建模和仿真的方法很难满足描述和分析系统的要求。柔性仿真在建模框架和算法方面提供的灵活性,是针对复杂系统建模的一个有益尝试。概括起来,柔性仿真的主要特点如下。

(1)建模框架中的模型结构是可变和可调的,可以使框架适应不同类型的仿真模型,提高框架的适应性和可扩展性。

(2)模型的层次性是通过模型的接口进行组合,形成不同层次的组合模型,为模型的重用、集成以及系统的多层抽象描述提供了条件。

(3)建模框架中的模型接口是可变的,减少组合模型对子模型的依赖程度,保证了模型的独立性和可重用性。

(4)模型以模型组件库的方式进行管理,在组件库中作为一种软插件使用(它们一般经过了验证和确认),将组件库与建模环境结合,可以加快模型的层次化集成和开发速度。

(5)柔性仿真算法为建模框架中的层次化模型提供仿真运行机制,采用基于实例的仿真算法可以适应模型结构和接口的变化,并具有相应的扩展性。

2.3.3 柔性仿真建模框架

柔性建模方法是一种基于组件的面向对象的建模方法,建模组件和组件关系是建模框架的基本元素。柔性建模方法主要研究模型的结构、模型的柔性接口、模型间的关系、层次化模型和模型的组件库管理。主要采用面向对象的思想将不同的模型封装起来,一方面把不同的建模体系生成的模型封装成对象模型,作为模型组件加以管理和重用;另一方面,引入组合模型,将模型组件组合起来,以支持系统仿真模型的层次化开发。柔性建模框架的基本思想如图2-2所示。其中,模型组件库保存用户建立的模型组件,模型组件以类的形式保存在组件库中,组件库中的模型类可以进行重用,它们经过实例化后可以组合形成具有层次化结构的新的模型类。

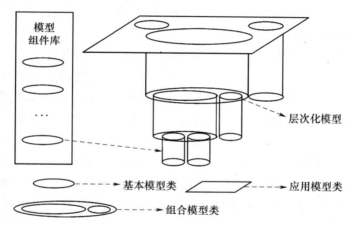

图2-2 柔性仿真建模框架示图

在柔性仿真建模框架中,模型主要分为以下几类:基本模型类、组合模型类和应用模型类。

(1)基本模型类。基本模型类是由不同的概念建模方法,如 Euler 网、Petri 网和 SLAM 网建模等方法建立的模型。它是组成整个系统模型、进行仿真建模的基本建模单元。

(2)组合模型类。组合模型类是由一系列基本模型类和组合模型类的实例化生成的模型类,是比基本模型类更复杂的仿真建模单元,用于支持层次化的仿真模型的开发,如想定模型的开发。

(3)应用模型类。应用模型类是面向实际应用的仿真模型实例,是整个系统模型中的最顶层模型,其实质是一类特殊的组合模型。通过仿真运行的相关设置,可进行基于该模型的仿真实验。

组合模型类包括组合建模组件和组件关系要素,组合建模组件即"子"模型类的实例,组件关系即"子"模型实例关系。每个"子"模型类实例与组合模型之间,通过柔性接口将"子"模型的消息和数据传递给组合模型。其中,柔性接口用于在组合模型中封装子模型实例,将"子"模型与组合模型进行隔离。采用这种封装形式的柔性接口,可以从以下几方面支持柔性建模框架。

(1)组合模型中的子模型实例通过柔性接口表示。可以保证在子模型不存在时建立组合模型和系统模型框架,从而支持自顶向下的模型开发。

(2)在"子"模型发生变化时,不会影响组合模型的结构,从而避免了对组件库中模型的一致性检查操作,可减轻组件库管理的负担。

(3)采用这种柔性接口可以支持子模型的替换,从而支持模型类的重用和自底向上的模型开发。

组合模型类中实例与实例的关系采用对象流的方式进行通信。对象流是组合模型中各"子"模型间的信息流。根据不同类型的模型,如状态机模型Markov 模型和 Petri 网,对象流的含义和属性也不尽相同。在状态机模型中,对象流代表状态转换的条件;Petri 网模型中,对象流表示 Token 的流动。对象流通过模型实例的端口连接,并保留和转换子模型发送的消息数据。可以进行消息延迟、消息表现及组合模型的状态转换等操作。对象流对消息数据的操作过程保存在组合模型的关系要素中。通过对象流可以在仿真中支持人机交互,以查询消息流动的状态、数目和变化等。因此,通过对象流可以在组合模型的层次上提高框架的适应性。

基本模型类也面向不同的概念建模方法,如数据、控制流图、活动周期图、SLAM 网络图等。面向不同概念建模方法的主要目的,是将不同的概念建模方法统一起来,支持不同人员的模型集成和协同建模,它是一种混合异构建模方法。鉴于不同的概念建模在建模方法和仿真算法上已经比较成熟,混合异构建模的主要任务,是将不同概念建模产生的模型集成起来,主要解决不同概念模型间的协调控制和信息传递问题。

总之,柔性仿真建模框架关注的是基本模型类的构建,即建模组件库构建问题,以及组合模型类的构建,即模型组件的组合问题。其中,模型组件间的关系问题,即柔性接口的实现,是确保"柔性"仿真建模的关键,也是仿真建模框架的"柔性"的实现途径和具体体现。

2.3.4　柔性仿真建模方法

装备论证仿真涉及的领域广泛,层次复杂,要求能高效地建立各种形式的作战仿真、体系论证、型号论证、资源配置、保障系统等。由于作战样式、规模和装备编配等的多样性,孤立地建立单个作战应用系统的方式已不能有效地满足论证的要求。多方法混合建模寻求多种适合描述系统某一层次或方面的方法,在保持各种方法本来特性的基础上,通过统一的建模方法论框架将它们集成在一起,确保建模人员可以按照自己熟悉的建模方法,在统一模型框架下建立组合式仿真模型。为此必须解决两个问题:一是模型分类问题;二是模型组合与分解问题。

1. 多方法混合建模

系统仿真经过几十年的发展,面向各种应用领域形成了大量的建模、仿真方法和系统,并具有各自的特点和能力。一般来说,采用一种针对特定领域、特定系统类型的建模和仿真方法更能抓住系统行为的本质。但是,各种建模仿真方法好比不同颜色的透镜,采用多面透镜才能全面地了解和分析复杂的世界。柔性仿真理论研究的出发点,就是根据仿真应用的需求变化,综合集成多种建模方法来解决针对复杂系统的求解问题。

多方法混合建模研究是基于统一建模方法论的多层次混合异构模型描述及设计方法,就是研究多种建模方法的综合运用问题,是系统工程理论中综合集成研究的重要内容。仿真的柔性首先取决于模型框架的柔性,而模型框架又与模型的描述方法密切相关,因此,对柔性仿真理论的研究要从建模方法入手。复杂大系统无法用某种单一类型的模型来描述,需要对系统分层划块,集成各类模型从多个方面进行描述。柔性仿真采用多方法混合建模理论,采用多种建模方法,将系统自顶向下抽象成若干个分辨率由低到高、逐渐细化的层次模型(或自底向上,分辨率由高到低),并允许采用多种建模方法描述处于同一层次上的各个子系统,最终在统一的模型框架下,将各类模型集成为一个层次化的混合异构模型。

进一步讲,柔性仿真系统模型是允许分层描述的,例如,概念模型可以从最高的抽象层次上把握系统的概念特征;描述模型可以描述系统动态地从一种状态到另一种状态,从一个事件到另一个事件进行转换的过程;功能模型描述系统模型能完成的功能,通过模型接口以消息或信号的方式与外界进行通信;约束模型描述系统内部的约束关系,或是通过方程约束的形式来表示,或是通过一种因果关系图来描述;空间模型则表明系统的状态变换不仅与时间有关,而且与空间有关。不同层次上的模型可以具有紧密的组合或松散的连接关系,前者通常体现为模型间的直接调用,后者通常体现为模型间的数据传递。此外,柔性仿真系统模型是允许在同一层次上进行分类描述的,而且,同层不同类的模型可以有机地组合在一起,作为统一的层次模型。

2. 多模型组合框架

多模型组合框架研究基于多方法混合建模理论的多层次组合模型的框架描述及设计方法,就是研究多种模型的集成方法和方式,为多方法综合集成奠定物质基础,使得多仿真方法综合运用从理论走向实用。模型框架是对模型的构成及其相互关系的规范化、一致性描述,一般包括对模型组分、结构和接口的描述。在多模型组合框架中,模型可以分为基本模型和组合模型两大类。基本模型是用某一种建模方法建立的模型,它是组成系统模型的基本单元。组合模型由若干个基本模型或已有的组合模型组成,可以具有不同的层次。模型可以采用面向对象等方法来描述,模型框架则可以采用某种形式化语言来描述。

采用不同方法建立的模型可能具有不同的描述方法和仿真算法,其组合模型具有层次性、组合性和异构性等特征。模型的层次性有助于更好地组织模型,以便按不同的抽象层次分析复杂系统并从不同的层次上理解系统。模型的组合性可以保证采用不同模型描述方法建立的模型能有机地组合成相应的系统模型,使这些异构模型更好地从总体上反映系统的行为和本质特征,便于系统模型的开发。模型的异构性则可以保证模型在方法上的独立性,使模型具有更好的可维护性、可重用性和可理解性。为使这些层次化的异构模型具有互操作性、可重用性、可扩展性以及良好的适应性,必须建立柔性的模型框架。

3. 组合模型建模方法

基于以上多模型组合框架,逐步形成了组合模型建模方法,它属于基于图形工具的复合模型生成技术范畴,主要包括以下两项功能。

(1) 提供一个图形工具,用以描述和定义一个组合模型内部的多个子模型间的运行关系。具体内容有:具有一个供用户进行组合模型生成的环境;提供一些工具,包含一些可供用户进行模型组合的基本图形;通过图形绘制模型间的制约、依赖关系;绘制的模型关系和模型组合必须满足一定的约束关系;系统记录模型之间的运行关系,作为模型运行的依据;生成的组合模型可以文件的形式保存起来,并存储于模型库,同时在模型字典中添加相应的索引信息。

(2)具有组合模型与主体程序的调用接口。组合模型的运行不同于单元模型,虽然组合模型建模的同时也由模型字典记录相应的模型管理信息,但组合模型不是以".exe"文件形式存在,而是以过程定义语言的形式存储,所以要提供一种接口机制(引擎功能),将主体程序的模型调用转换为按照组合模型定义语言所描述的过程关系运行。为了完成组合模型建模管理和模型运行功能,采用如下技术途径。

首先,基于 XML 语言的过程描述:可扩展标记语言(Extensible Markup Language,XML)描述如何在中性数据文档中组织、安排数据的结构。它和超文本标记语言(HTML)一样,是标准通用标记语言(SGML)的一个子集。XML 描述数据的结果是可供人阅读的文档,并且文档各个部分之间的关系以及它们如何组织成为一个具有确定意义的结构体,类似数据库中的表能够描述各部分数据的关系。XML 文档内各个元素之间不是简单的前后次序关系,而是具有严格的嵌套、依赖关系。XML 文档作为一个具有确定意义的信息整体,其部分语义正是通过这种结构关系得以体现。

其次,DSS 主体程序与组合模型的调用接口——XML 解析器:采用 XML 语言描述和记录了组合模型各元素(单元模型)间的结构关系后,描述语言(XML 文档)将作为复合模型存入模型库并写入模型字典。但主体程序是无法直接识别 XML 语言的。这时,XML 解析器充当了主体程序与复合模型间的调用接口。XML 解析器是一段可以读入 XML 文档并分析其结构的代码。目前,广泛使用的解析器主要有:IBM 公司的 XMI4J,Microsoft 公司的 MSXML,Oracle 公司的 XMLParser for Java 和 SUN 公司的 Project X。根据对文档的不同处理方式,XML 解析器可分为基于 SAX 的解析器和基于 DOM 的解析器。前者由事件驱动,通过串行的方式来处理文档,即当它遇到一个开始或者结束标记的时候,它向应用程序发送消息,由应用程序决定如何进行处理。后者则根据文档内容建立一个层次的数据结构,为用户提供一个操作文档的接口。

在建立武器装备的仿真模型的过程中,首先根据仿真对象建立系统模型,在不同层次和侧面使用概念、描述、功能等模型进行系统分析,选择合适的方法建立不同层次的异构模型,使用基于图形过程的复合模型生成技术,将单元模型组合为组合模型,进而可生成应用模型,同时,模型的可重用性和互操作性也得到了提高,为仿真提供了柔性的建模框架。

2.4　评估建模基本理论

武器装备作战效能评估是以评估模型为基础的,因而评估建模是武器装备效能评估研究的重要内容。随着系统仿真技术及计算机技术的发展及其在武器装备采办中的应用,武器装备作战效能评估积累了丰富的理论、方法和技术资源,其中,武器装备作战效能建模评估建模理论在实践中逐步发展和成熟,为柔性评估建模奠定了方法论和实践基础。

2.4.1　研究现状分析

常见的武器装备效能评估模型有两种类型。一种是针对特定的武器装备作战效能评估问题,定制黑箱形式的效能评估模型,该模型的方法细节和方法类型对用户不是透明的,模型升级和改进过分依赖于模型设计人员,且模型适应性差,难以兼容不同评估对象和评估需求对评估模型的要求,因而,不能适应评估模型资源重用和共享这一评估建模发展趋势。另一种是针对各类武器装备评估问题,抽象出多个评估问题模式,针对不同问题模式,开发相应的评估模型模板,也就是可重用。易扩展的通用模型模板,在进行评估建模时,只需恰当选择一个评估模型模板,并将其适当扩展和实例化,就可快速完成针对具体评估对象的评估建模。这种建模方法有效实现了对评估模型资源的重用和共享,且模型单元的方法类型是可选和可知的,为建模用户提供了较好的操作接口。可见,该方法所建评估模型具备较好的"柔性"。

就目前国内外的研究来看,武器装备效能评估分析模型多为专用评估分析模型,同时在评估模型的通用化方面也开展了大量研究,国内有关单位以柔性仿真平台为支撑,在通用评估模型方面作了一定研究,提出了基于框图组件的评估建模思路,并在 sim2000 效能评估系统中集成了评估框图库,支持武器装备效能评估,有效地解决了武器装备评估模型的通用性和灵活性等问题。但基于框图的评估建模生成的评估模型是一种网络结构,评估指标体系与评估模型不存在直观的映射关系,不能解决武器装备效能评估指标体系与评估模型的外在统一性问题。国外在武器装备效能评估模型的通用化方面也有一定的研究和积累,但武器装备效能评估算子化方面的研究,目前还没有见到相关的文献。

总体来说,虽然"柔性评估"和"柔性建模"理念已经深入到相关领域,但"柔性评估建模"的概念目前在国内外还找不到类似的提法。柔性评估建模是在"基于仿真的评估"（SBE）的仿真应用模式的牵引下，在"柔性仿真"概念的启发下，在武器装备作战效能评估实践的推动下，针对武器装备作战效能评估的建模问题，提出的应对评估需求发展变化的新的武器装备效能评估建模理念，具有重大的现实意义。

2.4.2 评估建模方法

如前所述，评估模型包括针对一定问题定制的专用评估模型和适用于某类评估问题的通用评估模型两类。其中，专用评估模型缺乏灵活性和使用性，不利于模型资源的重用和扩展；而通用评估模型以其较强的适应性和重用能力，在评估应用领域倍受关注。在武器装备作战效能评估实践过程中，人们一直在寻求提高模型扩展性、通用性和重用性的建模方法，并有了一定的方法积累。常见的通用评估建模方法有层次化组合建模方法和基于框图的网络建模方法。

1. 层次化组合式建模方法

层次化有两层含义：一个是方法域的层次性，另一个是问题域的层次性。

（1）所谓方法域的层次性，是指评估模型建模分为评估模型元件建模与评估模型组件建模两大层次。评估模型元件建模是指通过一般的程序开发语言开发出符合框图模型规范的、特定于某种评估方法的模型元件，这些模型元件集合就是这种方法可用的建模要素，将这些建模要素组合就可以形成评估模型组件。

（2）所谓问题域的层次性，是指评估系统所建立的评估模型分为作战单元评估层、作战系统评估层、作战体系评估三大层次。作战单元评估层基于实体模型仿真的评估结果数据建立评估框架与评估结果的关系；作战系统评估层将多个相同类型的作战单元评估模型分别聚合为作战系统评估模型；各类作战系统模型可以进一步聚合为从"探测器"到"交战器"链路的作战体系评估模型。

基于算子的评估建模方法，以算子为建模单元，算子间通过包含与被包含的关系，形成层次化的树状结构。其中，算子元件的设计由其封装的内容和算子的类型实现了以上方法域的层次性；算子树的结构设计和算子间的数据接口的设计，体现了以上问题域的层次性。总之，算子树评估模型与评估指标体系的层次化结构有较好的外观一致性，且算子间通过数据交互实现了建模单元的组合，是实现通用评估建模的有效途径。

2. 基于框图的网络建模方法

基于框图的网络建模方法，就是以框图节点为评估建模单元，框图节点通过数据交互实现建模单元的组合建立网络结构的评估模型。

目前,常用的网络建模方法主要有 SLAM 网、Petri 网、Euler 网建模方法等,这些方法主要是针对仿真实体建模的方法。要实现基于框图的网络建模,首要任务是开发封装一定评估算法的框图建模工具。例如,可基于 SCA 评估方法,设计相应的 SCA 框图单元,作为基于框图 SCA 评估建模支撑工具。国内有关单位在开放的建模仿真环境 OpenBlock 中集成了 SCA 评估网络建模元件,为评估建模用户提供了评估网络模型支持工具。

2.4.3 评估建模原则

在通用评估建模工具开发过程中,可将评估建模的基本原则概括为分层、分段和分类。

1. 分层

所谓分层是指可分别建立作战单元评估层、作战系统评估层、作战体系评估层三大层次。作战单元评估层基于实体模型仿真的评估结果数据,建立评估框架与评估结果的关系;作战系统评估层将多个相同类型的作战单元评估模型分别聚合为作战系统评估模型;各类作战系统模型可以进一步地聚合为从"探测器"到"交战器"链路的作战体系评估模型。当然,也可根据需要,采用其他的分层方法。

另外,从评估问题求解的角度考虑,评估指标体系的层次化结构对评估模型的层次性也提出了要求。分层构建的评估模型具有很好的可读性,便于用户理解和调整评估求解方案。

2. 分类

评估建模的分类是指针对多样的评估需求,按照一定的原则进行类化分析,抽象为若干评估问题模式,针对不同问题模式分别建立评估模板,形成评估模板库,作为评估建模的模型资源。例如,可以按照 SCA 效能评估方法论的要求,分别建立探测系统、指控系统与武器系统的评估模型,并可在高层建立三者之间的信息关联。

3. 分段

评估建模的分段是指在评估问题分解的基础上,针对评估子问题建立相应的评估模型,各个子问题评估模型在接口相容的前提下进行组合,由此建立的评估模型即是目标评估问题的评估模型。这种基于模型组合的评估建模方法,有利于评估模型重用和共享,是提高评估模型"柔性"的有效途径。因此,鉴于评估对象在某个评估指标的变化区间内变化的规律是分段的,评估模型能够适应这种分段实验、分段分析的需要,能够进行分段评估与分段组合。

2.4.4 评估建模系统

在评估方法论与评估方法确定以后,需要有相应的评估系统的支持,才能有效地完成效能评估工作。目前,可见的评估系统大都是针对特定的系统开发的,缺乏扩展性与灵活性。

通用性的作战效能评估系统,应具备相当的适用性与可扩展性,其典型特征可概括为如下两个方面。

(1)具备开放的评估建模能力。所谓开放的评估建模能力具备两个层次的含义。第一层次是指评估系统所采用的评估模型应有相应的建模环境的支持,用户可以根据需要构造自己的评估模型;第二层次是指评估系统所采用的评估方法可以进行扩展,用户可以根据需要开发出符合评估系统接口的评估方法节点。用户可根据需要选择评估方法节点,并按照评估节点之间的语法关系将这些节点连接起来,形成评估模型。另一方面,所有的评估方法节点应符合系统规定的接口规范,用户根据需要可开发出自己的评估方法节点,从而形成自己的评估方法,或者扩展现有评估方法节点,形成增强的评估方法。

(2)具备灵活的评估数据采集能力。评估模型所采用的数据采集框架应是非常灵活的。为了支持探索性评估,效能评估系统应采用基于实验设计的数据采集技术。效能评估系统需支持分段与分类两个方面的数据采集框架,并支持两者的灵活组合。评估系统既应适应分段实验的需要,能够进行分段数据采集,又应适应分类实验的需要,能够进行分类数据采集。不论是分段还是分类数据采集,效能评估系统都应根据评估框架将它们集成起来。

国内有关单位开发的柔性仿真评估系统 sim2000 的效能评估子系统已经基本具备了上述能力,这对本书基于算子的柔性评估建模方法的研究提供了有益的借鉴。

第3章　武器装备作战效能评估

武器装备作战效能评估是武器装备开发、研制过程中的一项重要内容和必要环节。在武器装备建设和使用过程中，作战效能评估可以为武器装备发展论证、型号方案论证、作战使用研究、规模结构优化等工作提供量化分析的依据，成为解决方案对比和优选等诸多问题的重要依托。例如，武器装备设计方案的指标取舍和优选，武器装备体系规模结构的优化管理，武器装备使用的决策分析等。本章首先从武器装备作战效能的相关概念出发，阐述作战效能评估的目的和意义，以及如何度量评估的有效性等基本问题；其次，在综合已有研究成果的基础上，概括和归纳作战效能评估的基本工作流程，以及常用评估方法的基本思想和算法；最后，面向评估建模应用，总结概括出几种常用的评估建模框架，作为武器装备作战效能评估建模的参考框架模板。

3.1　基 本 思 想

3.1.1　相关概念

武器装备作战效能评估主要涉及效能、作战效能、作战能力等概念。下面分别介绍这些概念的具体含义。

1. 武器装备效能

效能的概念很宽泛，针对不同的研究目的、研究范围和需求，提出的效能定义也不完全相同。目前，主要的几种效能定义如下：

（1）预期一个系统能满足一组特定任务要求程度的度量；

（2）装备完成规定任务剖面的能力的大小；

（3）在特定的条件下，武器装备被用于执行规定任务所能达到预期可能目标的程度；

（4）系统预期达到一组特定的任务要求的程度的度量，是系统可用性、可信性与固有能力的函数；

（5）作战能力与作战适宜性的综合等。

可见，关于武器装备效能的定义目前还没有统一，广为认可的定义是美国工业界武器装备效能咨询委员会（WSEIAC）给出的，即系统效能是预期一个系统能满足一组特定任务要求的程度的度量，是系统的有效性、可信赖性和能力的函数。由该效能定义可见，武器装备效能值是相对数值，不是绝对数值。我国目前对武器装备效能的通俗理解是：在规定作战环境条件下和规定时间内，系统能够完成给定作战任务的度量，通常是一个 $0 \sim 1$ 之间无量纲值，如 0.85。

2. 武器装备作战能力

武器装备作战能力，是指武器装备为执行一定作战任务所需的"本领"或应具有的潜力，是一个相对静态的概念。武器装备的作战能力主要由质量、数量和组成结构等因素构成。

（1）组成结构。对于装备系统而言，系统的组成结构是构成作战能力的基础，是综合考虑作战需求等因素所确定的有关武器装备的排列组合方式。

（2）质量。武器装备的质量是构成其作战能力的核心，是由装备本身的各项性能参数决定的，既包括先进性指标，也包括可靠性、维修性等指标。

（3）数量。武器装备的数量是产生作战能力的前提，如果说质量代表某个装备的个体能力，数量则具有一种能力聚合的含义，就某种武器装备而言，其作战能力大体上随着数量的增加而增大。

通过对作战能力的评估可以在宏观上评价武器装备的作用大小，分析两支部队甚至两个国家的装备实力，比较同类武器优劣等问题。同时，通过作战能力的研究，还可以找到最佳的兵力结构方案，定量对比兵力，为指挥机构提供决策支持。此外，可进一步找出武器装备发展的薄弱环节，提出将来的发展方向与发展重点，在此基础之上进行效费分析，以最小的代价换取最大的武器装备实力。

3. 武器装备作战效能

武器装备作战效能是指在特定的条件下，武器装备被用来执行特定作战任务所能达到预期目标的有效程度，是一个动态的概念。例如，导弹武器装备在执行突防作战任务时，完成突防任务的有效程度，就是该武器装备的突防作战效能。

作战效能是在对作战能力与其军事效益的综合考虑基础上而提出的概念，作战效能是衡量部队军事人员和武器装备系统在作战中是否胜任对抗作战任务的一个非常重要的指标。作战效能的综合性在于它处于装备发展的最高层次,贯穿装备发展及其使用管理的全过程。作战效能的指导作用不仅体现在武器装备发展领域,还覆盖了诸如装备配置、作战运用、战场指导等其他领域。

总之,武器装备作战效能,是武器装备及其组合在作战运用中所具备的作战能力以及由此而获得的军事效益两方面的统一。能力和效益是相互制约、不可分割的两个方面,但是能力并不等于效益。只有适度的能力再配以合理的运用,才能产生最佳效益。提高作战能力是重要的,但是单纯追求武器装备作战能力的做法却是不全面的,只有将作战能力与军事效益结合起来进行考虑才是正确的。

4. 作战能力和作战效能的区别与联系

武器装备的作战能力和作战效能两个概念存在区别,对它们的理解正确与否,关系到能否有效解决武器装备系统作战能力和作战效能的评估问题,也关系到武器装备的建设和发展问题,有必要对这两个概念的区别和联系进行讨论。

从定义上看,按照系统论的观点,系统的能力是指系统在运动中使作用对象改变运动状态的"本领";系统的效能是指系统在运动中使作用对象运动状态向预定状态转变的程度。因此,作战能力描述的是"本领"或"潜力"的问题,是一个静态的概念。它是武器装备固有的属性,与作战过程无关。而作战效能则描述了特定条件下,武器装备用来执行特定作战任务所能达到预期目标的程度,是武器装备在作战过程中其作战能力发挥的效果(并且反映了作战结果)。所以,作战效能与作战过程有关,是一个动态的概念。

另外,作战能力是针对某一类任务而言,武器装备能够完成多少,是自身本领的一种刻画,不存在所能完成的任务和需要完成的任务两者之间的关系;而作战效能是武器装备(或其组合)所能完成的任务和需要完成的任务的符合程度,体现了两者之间的关系。作战能力只要求任务的"质"(任务类型),不要求任务的"量"(任务程度);作战效能是完成任务程度的度量,因而除了要求任务的"质",还要求完成任务的"量"。

5. 武器装备效能结构要素

鉴于评估指标体系在一定程度上体现评估需求,分析武器装备效能结构要素,有助于我们理解作战效能和能力的关系。几个与作战效能相关的重要概念,即武器装备效能结构要素主要包括固有能力、作战能力、作战效果、作战适宜性、系统性能及尺度参数。

1）固有能力

固有能力是指系统在给定条件下按自身特点可以完成任务的能力。

2）作战能力

作战能力是指以系统固有能力为基础,与作战使用环境相匹配的实际能力,或武器装备在一定的作战使用环境条件下所表现的实际系统能力。

3）作战效果

作战效果是指武器装备在一定的作战使用环境下完成规定作战使命任务的结果或达到的战果。

4）作战适宜性

作战适宜性是指可靠性、维修性、测试性、保障性、可用性、安全性、兼容性、互用性等非作战能力因素的综合反映。

5）系统性能及尺度参数

系统性能主要从物理参数的角度如火炮射程、射速等描述。尺度参数主要为对系统的物理几何外部特征的描述。

通过上述效能含义及相关概念的分析,得到由这些要素组合而成的武器装备作战效能结构,如图 3 - 1 所示。可见,作战效能对应一定战术战役背景下的使命任务的完成程度,取决于武器装备作战效果、作战能力和固有能力;作战能力则取决于作战效果、系统性能和系统固有能力。

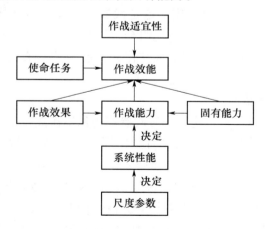

图 3 - 1　武器装备作战效能结构图

3.1.2　目的和意义

武器装备作战效能评估主要应用于如下几个方面：

（1）比较若干种同类武器的优劣；

（2）对设计方案或指定的武器装备如飞机、导弹等进行评价；

（3）武器装备效费比分析；

（4）评价各类武器装备不同作战使用方案的优劣；

（5）进行敌我双方实力对比等。

总之，评价武器装备完成基本作战任务的作战效能，评估完成不同作战任务所需弹药耗费等作战效能分析，对缩短研制周期，节省研制实验和寿命费用，求得最佳技术经济效益等，都将起到非常重要的作用。通过深入全面的效能评估，可以科学地制定战术技术指标，最大限度地发挥飞机、导弹等武器装备的综合作战能力。

1. 作战效能评估目的

对武器装备作战效能评估的主要目的有两个：

（1）统筹规划。为了获取武器装备的整体最佳作战效能，必须综合考虑影响武器装备效能的基本要素。根据军事斗争需要提出武器装备的能力需求，根据不同的任务要求提出具体的装备发展需求；按照效能最佳的原则确定新发展装备的主要质量指标；根据可提供的装备质量、数量形成购置计划等。

（2）作战使用性能综合评定。这是武器装备作战效能构成的关键要素。为了获得武器装备与人、环境的最优组合，必须把作战使用要素从装备论证开始就渗透进装备发展过程，以获取最佳作战效能为基本依据，实现对武器装备作战使用方案的取舍、比较和优化。

2. 作战效能评估的意义

武器装备作战效能评估是实现对武器装备预期作战效果的定量评价，对武器装备完成给定作战任务的能力进行量化评估，作为装备取舍、装备使用和作战指挥的辅助决策依据。其意义主要体现在如下几个方面。

（1）为武器装备发展论证提供决策依据。武器装备发展论证是其发展初期的重要环节，包括武器装备战术技术指标论证和规模结构优化等内容。论证对象的预期作战效能好坏是论证方案对比、取舍和优化的最重要依据，通过进行武器装备作战效能评估，获取针对该系统作战效能的量化值，对武器装备研制、改造和国产化过程中的先期论证工作有指导意义。

（2）为改进部队装备训练模式和方法提供依据。部队对装备的操作演练通常是在半实物或全数字仿真的模拟战场环境下进行的,以仿真数据为主要依据的装备作战效能是判断训练效果优劣的重要依据,进行武器装备作战效能评估,对于改进部队对装备的训练模式和方法有重要意义。

（3）为武器装备战术战法研究提供决策依据。武器装备运用的战术战法是武器装备作战效能的重要影响因素,通过不同战术战法方案下的装备作战效能定量对比,可实现对战术战法方案的取舍和优化。进行武器装备作战效能评估,对武器装备作战使用研究具有重要指导意义。

（4）对武器装备论证和仿真实验室建设有促进作用。作为武器装备作战效能评估支撑工具的武器装备作战效能综合评估系统,将能够作为武器装备论证的重要支撑工具,为提升实验室论证能力提供契机,也能够作为重要组成模块或功能节点,接入武器装备仿真系统,对武器装备论证和仿真实验室的跨越式发展具有重要的现实意义。

3.1.3　有效评估准则

如上所述,武器装备作战效能评估是其全寿命周期中必不可少的重要环节,因而其有效性也显得尤为重要,需要确立衡量武器装备作战效能评估有效与否的标准,即有效评估准则。

1. 适应性准则

武器装备作战效能评估的适应性主要体现为:

（1）评估需求与武器装备的使命任务相适应,就是指评估人员能够与军事专家、装备技术专家等达成一致,深刻理解和把握评估需求。

（2）评估指标与评估需求相适应,就是指评估指标体系能够客观反映评估需求,具备科学性、合理性和完备性。

（3）评估方法与评估指标相适应,就是指评估方法以评估指标的逐层求解及作战效能的评估聚合为目标,结合评估指标的特性和解算的复杂程度和合理性等因素,考虑评估方法的选择。

（4）评估模型与评估方法相适应,就是指评估模型的构建以评估方法为基础,评估模型应能够直观反映评估用户所选的评估方法类型,基于算法封装实现的评估建模单元的设计和集成,是提高评估方法的可视化程度,以及评估模型与评估方法一致性的有效途径。

总之,在进行评估需求分析时,必须将武器装备置于一定作战背景下,以武器装备在该作战想定下的使命任务为依据,分析武器装备作战效能评估需求,为评估指标体系拟定奠定基础。当然,这一适应性的优劣评价依赖于军事专家、装备专家和仿真专家等的经验,通过多维数据融合而实现。而且拟定的评估指标体系,应充分体现对应系统的评估需求,通过各类专家的充分研讨和分析,并借助仿真手段,为评估指标体系与评估需求具备最佳适应性提供保障。评估时选择的评估方法,应能够确保各评估指标的解算和评估聚合的实现,并体现不同指标性质的差异;评估时依托的评估模型应充分体现与评估方法的一致性,最重要的是能够显式地呈现出评估方法的类型,供用户选择和调整。

2. 科学性准则

武器装备作战效能的科学性主要体现为:

(1)评估需求,应能够反映一定作战背景下,武器装备完成既定作战使命任务的客观实际。

(2)评估指标体系的拟定,应遵循科学、完备和合理原则。

(3)评估方法选择,应以军事科学和数学法则为依据,反映评估指标的固有特性,体现定性与定量相结合的系统研究思路。

(4)评估建模,应以一定的建模规范为基础,体现建模领域的最新研究成果在评估领域的应用。

总之,在整个作战效能评估过程中,都要体现科学思维,借助科学手段,做到有章可循。

3. 规范性准则

随着科学技术的进步和人们研究的深入,体系对抗日益成为受人瞩目的研究领域。而且,作战效能评估对象的数量也日益增加,复杂度日益提高,针对每个评估对象分别进行评估建模分析,已变得越来越不现实,武器装备作战效能评估领域的资源共享需求日益凸显。解决这一问题的有效途径,就是加强武器装备作战效能评估过程各环节的规范化,如评估需求描述的规范化、评估指标提取的规范化、评估建模的规范化等。

4. 可操作性准则

评估可操作与否,与评估过程的规范化程度密切相关,符合标准规范的武器装备作战效能评估,其可操作性必然好。另外,从评估建模的角度考虑,建模输出的评估模型为武器装备作战效能评估人员提供操作接口,即基于评估模型的评估系统应具备友好的用户界面,包括评估需求录入、评估指标生成和调整、评估模型构建和管理、评估结果表现等。可见,评估工具的可操作性,或评估系统的有效性,是确保评估有效实施的关键。

3.2 基本工作流程

3.2.1 评估层次

依据评估对象和目的的不同,武器装备作战效能评估可划分为如下几个层次。

1. 装备层次

装备层次的作战效能评估,是针对一定装备系统,对其在一定作战条件下的作战效果作定量评价,目的是检验装备的作战能力。该层次的效能评估对象是武器装备,评估依据是武器装备的性能指标和战术使用等。该领域的评估研究很多,方法已比较成熟,其中,基于交战仿真的评估方法应用较为广泛。

2. 战役层次

战役层次的作战效能评估,是针对一定战役作战体系,对其在一定作战条件下的作战效果作定量评价,目的是检验作战体系的作战能力。该层次的效能评估对象是作战体系,评估依据是作为作战体系组成单元的武器装备的作战能力及战役推演策略等。该领域的评估研究也较多,基于战役仿真的作战效能评估是公认的可行评估方法。

3. 战略层次

战略层次的作战效能评估,是针对一定战略作战体系,对该作战体系在一定威胁环境下完成战略任务的程度作定量评价,目的是检验战略作战体系在对应威胁条件下完成战略任务的能力。该层次的效能评估对象是战略作战体系,评估依据是战略作战体系作战能力构成,其组成单元是战役作战能力和战术作战能力等。该领域的评估研究尚处于起步阶段,还未形成统一的方法论体系。该评估层次的评估对象较复杂,单纯基于仿真的办法已难以满足评估数据需求以及评估的科学、可信和可靠的要求。可以基于复杂系统理论,以系统工程综合集成理念为导向,形成专家评估和仿真评估及其他评估手段相结合,专家评估为主导的战略体系作战效能综合评估基本思路。

以上三个层次的作战效能评估,是逐步向上支持的关系,即装备层次的作战效能评估为战役层次和战略层次的作战效能评估提供数据支持,战役层次的作战效能评估为战略层次的作战效能评估提供数据支持。

3.2.2 评估要素

目前,国内外进行了大量针对各类武器作战效能评估的理论研究,但对于评估要素的专门研究并不多见,国内提出的武器装备作战效能的三维描述方面,反映了研究者对评估要素的理性思考。其基本思想为:武器装备作战效能评估涉及效能度量方式、系统建模分析及采用的评估方法,这三个方面组成了效能评估的三维立体结构,即效能度量维、系统建模维和方法维。

效能度量维,包括单项效能、系统效能、作战效能和体系效能。

系统建模维,包括结构建模、功能建模、面向对象建模和复杂大系统建模。

方法维,包括性能参数法、解析法、综合评定法、试验统计法和作战模拟法。

以上分析体现了系统思维,但这种描述存在概念模糊和可操作性差等问题,例如系统建模没有突出评估建模,存在评估建模和仿真建模的概念模糊。结合以上思考,将三维的内容融入评估问题,可将武器装备作战效能评估概括为如下评估要素。

1. 评估指标体系

武器装备作战效能评估指标体系对应三维描述中的效能度量维,依据评估对象的功能、任务和组成进行构建,要充分体现武器装备运用时的对抗特性。科学、合理和完备的评估指标体系是武器装备作战效能评估的关键,也是实现有效评估的起点。目前,武器装备作战效能评估指标体系构建以下几种主要模式。

1)模式 1:作战效果—作战效能评估

该类模式是基于作战效果的作战效能评估。通过该类模式,可得到作战效能的绝对值,或根据效果数据得到的评估效用值。一般武器装备的作战仿真方法、演习试验方法等,采用的指标体系通常属于这一类模式。

此类模式的优点在于:一是评估指标容易理解,能让评估结论直接与作战效果对应;二是通过武器装备攻防对抗仿真方法,或演习试验手段,评估数据容易获取。

该类模式的不足之处在于:面向效果的指标体系构建不够全面,通常表现为主要获取特定想定下的较综合的作战效果指标。

2)模式 2:固有能力—作战效能评估

该类模式通过固有能力分析作战效能,主要得到作战效能的相对程度值或满意概率值。该类模式的效能评估指标,常采用专家评定法、基于多方案对比的综合评估法,以及基于专家经验的模糊评判法等方法进行解算。

该类模式的优点是指标综合性好,简单快捷;缺点是主观性稍多,客观性稍差,评估结果主要依赖于专家的经验判断和推测估计。

3)模式3:作战能力+作战适宜性—作战效能评估

该类模式涵盖了作战能力因素和作战适宜性因素,得到的是系统作战效能的综合值。事实上,采用此模式的指标体系可适用于可用性、依赖性与能力模型(Availability,Dependability and Capability,ADC)及其相应的改进型,这时,作战适宜性可看成是 A 和 D,C 为作战能力。ADC 法的优点是简单易懂,物理意义清楚。

该类模式的优点:全面性好,既可兼顾作战能力要素,又可兼顾非作战能力要素。

该类模式的缺点:随着作战状态的节点增加,作战适应性的计算复杂程度会急剧增大,而且,矩阵的连乘运算会使累计误差放大。

4)模式4:系统性能—作战效果—作战能力—作战效能评估

该类模式根据系统性能与作战效果指标,分别进行作战能力以及作战效能分析。重点研究作战效能与作战能力之间的影响关系,剖析影响武器装备作战效能的关键因素。单项作战能力是综合效能的支持因素。采用该类模式的效能评估指标体系不仅可用于计算作战效能,也可用于计算作战能力值。此外,也有助于研究作战效能、作战能力、系统性能之间影响因素的因果追溯关系。

5)模式5:系统性能—固有能力—作战能力—作战适宜性—作战效能评估

该类模式旨在研究系统性能、固有能力、作战能力、作战效能之间的影响链路,分析系统性能对固有能力的影响、固有能力对作战能力的影响、固有能力对作战效能的影响,以及单项作战能力对作战效能的影响。该类模式的指标体系强调从武器装备自身的物理特性出发,结合对武器装备潜在能力的预测,对比分析武器装备的作战效能。该模式具有专家评定、对抗仿真实验混合评估和多层次评估的特点,对系统性能指标可采用物理试验方法求取,对作战能力可以采用仿真方法与专家方法进行评估,最后利用多种数据源融合的方法评估综合作战效能。

综上所述,评估指标体系指导模式是具体指标体系的抽象类,是细化的指标体系所遵循的基本框架。在上述几种模式中,选择合适的指导模式类型对于不同背景下的评估指标体系构建是十分重要的。

2. 评估方法

武器装备作战效能评估指标体系对应三维描述中的方法维,是对作战效能评价的量化途径。武器装备效能评估问题是一个十分复杂的问题,评估人员因所处的地位不同,观察的角度不同,对许多系统评估问题持有不同的理解。从20世纪90年代,国内外军事系统工程方面的会议和杂志上陆续出现了有关武器装备效能评估方面的文章,人们从不同的评估目的出发,从不同的功能角度探讨和研究了很多关于武器装备效能的评估方法。通常这些评估方法涉及到层次分析法、指数法、专家评价法、SEA 方法、模糊综合法、WSEIAC 模型、作战模拟法等,这几种方法各有其适用性和局限性,为使武器装备效能评估更为合理有效,必须针对武器装备的具体特点,选择合适的评估方法。

选择评估方法时,要考虑数据获取的可行性、运算复杂度的可承受性、体现定性与定量相结合以及人机结合思路等要素。常用效能评估解算方法有 ADC 评估方法、基于控制论的 SCA 评估方法、基于正负理想点的 TOPSIS 评估方法、基于效用函数的评估方法、模糊综合评估方法等,其中,后几种方法较好体现了定性与定量相结合以及人机结合思路,实际中应用较多。

3. 评估模型

武器装备作战效能评估指标体系对应三维描述中的建模维(评估建模),是效能评价定量化的工具,表现为计算机可执行的算法模块。评估建模以评估方法为依据,尽可能建立具有直观、可理解、可扩展的评估模型。常用的评估模型有基于模型模块(框图)的评估模型,以及基于算子的评估模型等。

3.2.3 评估流程

武器装备作战效能评估可以采用如下流程,如图 3-2 所示。

1. 明确评估需求

评估需求是评估活动的起点和归宿。明确评估需求的内容包括定义评估指标、明确评估对象、分析评估想定及规定评估条件。简单来说,就是针对某一评估对象,在一定评估想定下,确定武器装备作战效能的度量准则,即评估指标体系。

2. 确定评估方法

评估方法的选择以评估需求为依据,如果能将评估问题抽象为一系列评估问题模式,不同的评估问题模式匹配不同的评估方法体系,那么,评估方法的选

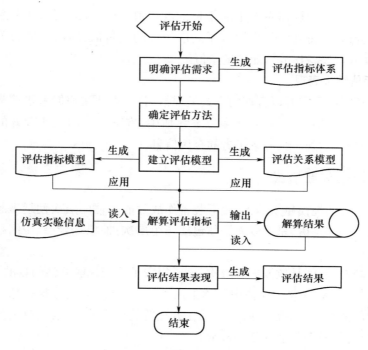

图 3-2　武器装备作战效能评估流程图

择将呈现出更加规范化的形式。评估方法的选择是否合适,是决定评估结果可信程度的关键。所以,评估方法选择是评估过程中的最关键的环节之一。

3. 建立评估模型

评估模型的建立以评估需求和评估方法为依据,以评估指标的解算为目的,建立适当有效的评估模型是评估过程的关键步骤。评估模型包括评估指标模型和评估关系模型两种类型。评估指标模型是评估条件与评估指标(一般为评估基础指标)的关系模型,其输入为评估条件,输出为评估指标的度量值;评估关系模型是评估指标体系的下层指标与上层指标的关系模型,用来支持评估过程中的评估聚合。而评估聚合的目的是得到用户最为关注的评估指标的度量值,如导弹突防概率。该模型的输入为评估指标体系的底层指标的度量值,输出为评估指标体系的高层评估指标的度量值,即武器装备作战效能评估值。

4. 解算评估指标

评估指标解算的前提是获取仿真实验结果数据。评估条件满足时,即收集到必要的仿真实验信息、专家信息和试验信息等多维评估数据后,运用评估指标模型,得到评估指标体系的下层指标的度量值。而后,运用评估关系模型进行评估聚合运算,得到评估指标体系高层指标的度量值,即用户最为关注的评估指标,即武器装备作战效能的度量值。

5. 评估结果表现

指标解算结果需要以直观的方式呈现给用户,以便用户能够迅速从评估结果中获取有用的信息。例如,在多方案评估中,方案对比图是比较好的表现形式,便于用户捕捉到有关方案优劣的有用信息。

3.2.4 评估创新模式

随着系统的规模越来越大,武器装备作战效能评估的层次性越来越引起人们的注意。总体上讲,系统效能评估包括三个层次:抽象综合层、中间核心层和机理细化层。

抽象综合层,就是效能概念层次,该层规定了系统效能评估的目的。

中间核心层,在效能评估中起承上启下的核心作用,是连接抽象综合层与机理细化层的纽带,系统的建模、定量化方法等均属于这一层次,这一层次处理得好坏,决定了整个效能评估的成败。

机理细化层,是效能评估的最低层次,提供中间核心层所需各种因素的关系特征与数据等,是效能评估结果可信的基础。

依据以上系统效能评估的层次,可以从如下几个方面探讨系统效能评估的创新模式。

1. 效能概念的创新

目前,效能的概念主要停留在单项效能、系统效能和作战效能上,这不利于对现在及未来使用的武器装备效能的评估和发展的辅助决策。例如,信息系统类武器 C^4ISR、空间对地观测系统等,对它们的作战效能很难有一个准确的定位。因此,针对新型武器装备的特点,提出系统效能概念创新模式十分必要。例如,为了更有效地评估系统作战效能,在系统效能与作战效能之间提出核心效能等概念。系统的核心效能建立在系统效能的基础上,并成为评估作战效能的支撑。核心效能强调系统的本质因素,反映武器装备系统全寿命周期管理中树立的效能观。核心效能从武器装备研发规划、方案论证、全面研制、生产和部署及使用保障各个阶段都有体现。有关文献认为,"基于威胁"的军事分析已遇到困境,而核心效能的提出将赋予"基于威胁"的军事分析新的生命力。

2. 系统建模和评估建模的创新

随着系统的复杂性增大,追求定量建模已成为系统建模的负担,而且,容易过分注意数学模型的逻辑处理,而忽视数学模型微妙的经验含义或解释。

钱学森在关于处理开放复杂巨系统的相关问题时,提出使用从定性到定量的综合集成技术,明确指出:处理复杂行为系统的定量方法是科学理论、经验和专家判断力的结合,这种定量方法学是半经验、半理论的。因此,从建模一开始就求助于经验性判断,需要把定性方法和定量方法结合起来。相关文献表明,定性建模技术在系统建模领域具有广阔的应用前景。

系统建模本质上是人们对现实系统的一种抽象。系统建模的过程,可以看成是人的"思维仿真"结果。把这种"思维仿真"与计算机技术有机结合,从而形成以定性建模技术、计算机(网络)技术为基础的人机交互式系统建模模式。该建模模式将在复杂大系统建模中发挥重要作用。

由于评估对象的复杂程度越来越高,对评估模型的适应性和开放性要求越来越高,评估建模需适应这种新的需求,借鉴柔性建模方法和技术,构建柔性评估建模工具,可为柔性评估建模的实现提供理论和技术支撑。基于框图的评估建模和基于算子的评估建模都是评估建模领域的创新。

3. 评估方法的创新

评估方法一般由综合方法与指标量化方法组成。在面对规模越来越大、综合程度越来越高、作战环境越来越复杂的武器装备时,其效能评估将要处理越来越多、越来越复杂的不确定性。其原因有如下两类。

(1) 主观方面的原因。主观方面的原因,主要是评估者所掌握的信息与效能评估所需信息之间存在差距,包括信息偏差、信息短缺与错误认识等。要消除这方面的不确定性影响,就必须消除信息差距。然而,武器装备的复杂性,使消除信息差距所需的代价十分巨大,甚至当信息差距缩小到一定程度后,无论用多大的代价,也不可能进一步缩小。

(2) 客观方面的原因。客观方面的原因,主要是武器装备的复杂性、对抗体系(由对抗环境、敌对双方的战术、战略等因素组成)的复杂性等。考虑到武器装备效能评估中的各种不确定性因素的影响,而且效能评估中的条件、时间和任务(或需求)是发展的、开放的、动态的和不可能完全确定的。从本质上讲,武器装备效能是一个预测值、相对值,也是一个非清晰值,或称其具有柔性。各种效能评估模型与方法,得到了定量或定性的效能评估结果,有概率值、模糊值、定性化等。如何评价这些结果,这些结果能否用统一的方法进行综合,这对复杂的武器装备效能评估具有很重要的现实意义。因此,灵活处理定量与定性结果的综合方法,是有效解决武器装备效能评估问题的新方法模式,如多种评估方法综合运用就是其中一种很有前途的效能评估思路。

3.3　常用评估方法

武器装备作战效能评估是对武器装备完成既定作战使用任务程度的定量评价。武器装备作战效能的评定方法有很多,主要有专家评定法、试验统计法、作战模拟法、指数法和解析法等。随着计算机技术、仿真技术等的发展,以及武器装备的日益复杂化和多样化,解析方法成为武器装备作战效能评估的主流方法。解析法根据描述效能指标与给定条件之间的函数关系的解析表达式计算指标,可根据数学方法求解建立的效能方程。解析法的优点是公式透明性好,易于了解,计算简单。美国工业界武器装备效能咨询委员会建立的 WSEIAC 模型就属于解析法,该模型被认为是很有效、很通用的模型。以下主要介绍武器装备作战效能评估的解析评估方法,包括计算底层评估指标值的基础指标解算方法,以及计算上层指标值的评估聚合和综合方法。

3.3.1　基础指标解算方法

所谓评估基础指标,就是评估指标体系中的底层指标,基础指标解算就是获得评估指标体系最下层指标的解算值,它是评估聚合的基础和起点,是作战效能评估解算的必要环节。为确保评估值较高的置信水平,需要尽可能多和覆盖面广的评估输入数据。采用仿真方法,能够低成本进行多次仿真实验,获取大量仿真数据,满足评估基础指标解算对输入数据量的要求。另外,人工智能领域的统计学习方法是解决小样本学习问题的较好途径,所以,可采用基于统计学习的效能评估方法,实现对评估基础指标的解算。

1. 统计学习

统计学习理论是由 Vapnik 等人提出的一种有限样本统计理论,是模式识别领域新近发展的一种新理论,着重研究在小样本情况下的统计规律及学习方法性质。它为小样本机器学习问题建立了一个较好的理论框架,也发展了一种新的通用学习算法——支持向量机(Support Vector Method),较好地解决了小样本机器学习问题。统计学习的一般流程如图 3-3 所示。

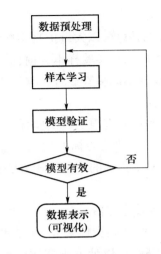

图 3 – 3   统计学习的一般流程

1）数据预处理

数据预处理包括数据清洗、数据集成和数据选择等活动。数据清洗用来消除噪声或不一致的数据,解决数据的错误、丢失问题;数据集成就是把多样的和不同种类的数据源集成为一个单一的数据源;数据选择是从数据库中检索出相关数据。

2）样本学习

应用机器学习算法从数据中提取出隐藏的知识,包括关系模型和分类信息等。

3）模型验证

依据一定的评价标准,获取有关模型有效性的信息。如果模型不能通过验证,则该模型是无效的,需运用机器学习算法,构建新的模型,这一统计学习过程一直持续到模型通过满足评价标准,即通过验证为止。

4）数据表示(可视化)

这是样本学习的终点,就是把样本学习和模型验证的结果呈现给用户。可采用包括图形、表格等多种呈现方式,为用户了解和把握统计学习结果提供一个直观示图。

2．基础指标解算

评估基础指标的解算方法,主要包括基于仿真实验统计数据的解算,以及基于统计学习的解算。

1）基于仿真统计数据的解算

基于仿真实验统计数据的解算，以大量仿真实验结果的统计量作为评估基础指标的度量。该方法以大的仿真实验样本为前提，小的实验样本会使统计结果失去统计意义，从而，实验样本的多寡显著影响到评估结果的置信度。

2）基于统计学习的解算

基于统计学习的解算，是针对有限仿真实验样本，采用统计学习方法，如支持向量机方法，得到实验条件与评估指标的关系模型。基于该模型，进行评估指标预测，预测值作为评估基础指标的度量。该方法有效克服了前一种方法的不足，有较好的应用前景。

3．基于统计学习的作战效能评估

对于基于统计学习的评估基础指标解算，其基本思路如下：武器装备攻防对抗仿真系统的局部仿真实验，可以低成本多次重复运行，从而得到大量的局部仿真实验样本。如果将这些实验样本作为武器装备攻防对抗作战效能评估的信息源，大量的局部仿真实验样本，就可以弥补全局仿真实验样本数量的不足。而局部仿真实验统计数据到评估基础指标的映射，可以采用统计学习的方法，得到局部仿真实验对应的实验因子和评估基础指标的关系模型，该模型用作全系统评估的评估条件，即可得到评估基础指标的预测值，实现从实验统计数据到评估基础指标的映射，即作战效能评估基础指标解算。

基于统计学习的效能评估流程如图 3－4 所示。图中，仿真实验样本和评

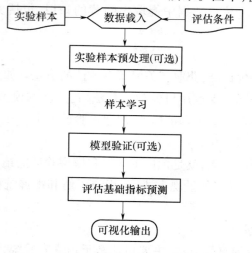

图 3－4　基于统计学习的效能评估流程图

估条件是评估基础指标解算的输入数据,数据预处理、样本学习及模型验证的目的就是建立评估条件(可获取的评估输入)和评估基础指标间的关系模型,最后将评估条件作为模型输入,即可实现对评估基础指标值的预测。

3.3.2 评估聚合方法

常用的评估聚合方法有 ADC 方法、指数模型方法、TOPSIS 方法、效用函数方法、模糊综合评价方法等,以下逐一介绍这些方法。

1. ADC 评估方法

ADC 也为系统效能分析法,指的是美国工业界武器装备效能咨询委员会提出的系统效能评价方法。这种方法以装备系统的总体构成为对象,以完成任务为前提,从系统的可用性(Availability)、可信性(Dependability)与固有能力(Capability)三者出发进行系统效能评估。其中,系统的可用性与可信性主要考察系统在开始执行任务时与执行任务期间的状态转移,而固有能力则主要刻画系统在执行任务结束时的最终效果。ADC 评估方法主要用于单件或同类武器装备系统,如导弹、枪支、火炮、雷达等的作战效能评估。其范围可以是整个寿命周期中的任何阶段,如立项论证阶段、战术技术指标论证阶段及使用阶段等。

1)系统效能

系统效能是预计系统满足一组特定任务要求的程度的量度,是有效性、可依赖性和能力的函数。系统效能公式为

$$E = ADC$$

2)有效性

有效性是在开始执行任务时系统状态的量度,是装备、人员、程序三者之间的函数,与装备系统可靠性、维修性、维修管理水平、维修人员数量及其水平、器材供应水平等因素有关,即

$$A = (a_1, a_2, \cdots, a_i) \ (i = 1, 2, \cdots, n)$$

式中:a_i——开始执行任务时系统处于状态 i 的概率,且 $\sum_{i=1}^{n} a_i = 1$。

3)可信性

可信性是在开始执行任务时系统状态的情况下,在执行任务过程中的某一个或某几个时刻系统状态的量度,可以表示为系统在完成某项特定任务时将进入或处于它的任一有效状态,且完成与这些状态有关的各项任务的概率,也可

以表示为其他适当的任务量度。可信性直接取决于装备系统的可靠性和使用过程中的修复性，也与人员素质、指挥素质有关，即

$$D = (d_{ij})_{nn}$$

式中：d_{ij}——已知开始执行任务时系统处于状态 i，在执行任务过程中系统处于状态 j 的概率，且 $\sum_{j=1}^{n} d_{ij} = 1$。

当完成任务的时间相当短，即瞬间发生，则可以证明可信赖矩阵为单位阵，系统效能公式简化为

$$E = AC$$

4）能力

能力是在已知执行任务期间的系统状态的情况下，系统完成任务能力的度量。更确切地说，能力是系统各种性能的集中表现。能力向量为

$$C = (c_{ij})_{nn}$$

式中：c_{ij}——在系统的有效状态 i 下，第 j 个品质因数的值。

该方法忽略了特定的作战环境，不能完整反映武器装备作战的全部过程，没有考虑武器平台的机动性、摧毁能力等因素，也无法完整考虑攻防对抗对武器装备作战效能的影响，导致该方法的使用受到限制。

2. 指数模型评估方法

该方法计算简便，可以在武器装备论证的早期，尤其是在缺乏诸多计算数据与仿真结果时，对武器装备的作战效能进行初步评价，评价结果有一定的可信度。但指数模型中指数系数与常数项过多，指数描述模型对指数系数取值很灵敏，合理地确定指数系数是个难点。目前，指数法有杜派指数法、邓尼根指数法、幂指数法等，各种指数的计算方法虽形式不同，但都是从系统的某些战术技术指标出发，按照各指标之间的相互关系，经过数学逻辑运算，计算出系统效能的一个相对值。

3. 概率模型评估方法

概率模型假定武器效能是防御方防御武器效能概率指标的函数表达式，主要表现为概率乘积的形式。表达式是固定的，认为只要代入相应的概率指标常数，就可以获得武器的效能指标。概率模型是建立在很多假定基础上的。这类模型不考虑作战过程，同时也不考虑作战过程中各种因素对作战结果的具体影响，或者说这类影响已经考虑到武器的概率指标值中，在概率指标之间相互影响关系描述上比较简单。

4. 基于控制论的 SCA 评估方法

按照控制论的观点,作战体系是一类特殊的(部分)可控系统。作战体系的基本目的在于,通过己方作战力量的运用,影响和控制战场的作战态势,进而促成最终有利于己方的作战结果。在作战体系中,C^4ISR(Command, Control, Communication, Computer, Intelligence, Surveillance, Reconnaissance)体系与武器装备体系分别对应控制部分与执行部分。从总体上看,C^4ISR 中的 ISR 对应控制部分中的传感器(Sensor);C^4 部分对应控制部分中的控制器(Controller);武器装备体系对应执行器(Actuator)。通过执行器影响受控对象——战场态势。受到控制论的启发,SCA 模型认为在存在大量不确定性的前提下,要对被评价武器装备进行全面、深刻的洞察,需站在体系对抗的高度上,在体系互连的框架下,直接地、显式地将攻防双方探测器、控制器的评估包含在武器装备效能评估的框架之中。

SCA(Sensor – Controller – Actuator)综合作战效能评估法,要求围绕作为评估对象的武器,分别进行作战双方探测器(ISR)、控制器(BM/C^3)的效能评估与武器作战潜能的评估,在此基础上利用下面的评估模型进行综合即获得武器(系统)的综合作战效能指标。

SCA 武器装备作战效能评估法,要求围绕作为评估对象的武器装备,分别进行作战双方探测器、控制器作战效能/功能评估与武器作战潜能的评估,在此基础上利用综合评估模型获得武器(系统)的作战效能指标。该方法考虑了作战双方的复杂对抗关系以及评估的诸多不确定性,克服了前几种方法的不足。

5. 基于正负理想点的 TOPSIS 评估方法

TOPSIS(Technique for Order Preference by Similarity to Ideal Solution)法全称是逼近理想解决方案的排序方法,该方法以接近理想方案的原则选择最佳技术方案,即最后评判结果应是与理想方案距离最近,与最差方案距离最远。运用该方法时,首先定义评估问题的正负理想方案,尽管这两种方案在评估时不可能存在(否则无需评估),但可以将二者作为理想化的最优、最劣基点,以权衡其他可行方案对两者的距离。其次,综合所有指标评估系数,进行排序、评估与分析。总体来说,该方法的算法流程如下:设方案 A_i 中指标 c_j 的值为 y_{ij}($i = 1, 2, \cdots, n; j = 1, 2, \cdots, m$),其中,$n$ 为方案数,m 为基础指标数,y_{ij} 为第 i 个方案的第 j 个基础指标的解算值,评估基础指标的值由"评估基础指标解算"过程得到,则 Y 为初始评估矩阵,且

$$Y = \begin{bmatrix} y_{11} & y_{12} & \cdots & y_{1m} \\ y_{21} & y_{22} & \cdots & y_{2m} \\ \vdots & \vdots & \vdots & \vdots \\ y_{n1} & y_{n2} & \cdots & y_{nm} \end{bmatrix}$$

1）规范化评估矩阵

比较各指标值,消除不同指标间量纲不一致的影响,便于评估和分析。属性值规范化方法如下:

（1）若 c_j 是效益型指标,即指标值越大,对评估结果越有利的指标,则令

$$z_{ij} = y_{ij}/\max\{y_{ij} \mid 1 \leqslant i \leqslant n\} \qquad (3-1)$$

（2）若 c_j 是成本型指标,即指标值越小,对评估结果越有利的指标,则令

$$z_{ij} = \frac{y_{ij}}{\min\{y_{ij} \mid 1 \leqslant i \leqslant n\}} \qquad (3-2)$$

（3）若 c_j 是适中型指标,评估者最满意的指标是 $a_j^{\#}$,对评估结果越有利的指标,则令

$$\begin{cases} \max = \max\{y_{ij} - a_j^{\#} \mid 1 \leqslant i \leqslant n\} \\ \min = \min\{y_{ij} - a_j^{\#} \mid 1 \leqslant i \leqslant n\} \\ z_{ij} = \dfrac{\max - \mid y_{ij} - a_j^{\#} \mid}{\max - \min} \end{cases} \qquad (3-3)$$

对初始评估矩阵 Y 施加规范化操作,即得到规范化的评估矩阵为

$$Z = \begin{bmatrix} z_{11} & z_{12} & \cdots & z_{1m} \\ z_{21} & z_{22} & \cdots & z_{2m} \\ \vdots & \vdots & \vdots & \vdots \\ z_{n1} & z_{n2} & \cdots & z_{nm} \end{bmatrix}$$

式中:z_{ij}——第 i 个方案的第 j 个基础指标的规范化值。

2）单位化评估矩阵

将各指标值转化为无量纲的量,单位化各评估值。指标单位化的具体算法为

$$r_{ij} = z_{ij} / \sqrt{\sum_{j=1}^{m} z_{ij}^2} \qquad (3-4)$$

式中:r_{ij}——第 i 个方案的第 j 个基础指标的单位化值。

对规范化矩阵施加单位化操作,即得到单位化矩阵为

$$R = \begin{bmatrix} r_{11} & r_{12} & \cdots & r_{1m} \\ r_{21} & r_{22} & \cdots & r_{2m} \\ \vdots & \vdots & \vdots & \vdots \\ r_{n1} & r_{n2} & \cdots & r_{nm} \end{bmatrix}$$

3）加权单位化矩阵

由专家调查法或 AHP 方法(层次分析法)得到各项指标的归一化权重向量为 $w = \{w_1, w_2, \cdots, w_m\}$,$w_j$ 为第 j 各指标相对上层指标的重要性权值,则加权评估矩阵为

$$X = \begin{bmatrix} x_{11} & x_{12} & \cdots & x_{1m} \\ x_{21} & x_{22} & \cdots & x_{2m} \\ \vdots & \vdots & \vdots & \vdots \\ x_{n1} & x_{n2} & \cdots & x_{nm} \end{bmatrix}$$

式中:x_{ij}——第 i 个方案的第 j 个基础指标的加权评估值,$x_{ij} = y_{ij} \times w_j$。

4）确定正负理想方案

对以上加权评估矩阵 X,取 $x_j^+ = \max_i x_{ij}$,即每个基础指标取各方案中的最大值为最优,则称 $x^+ = \{x_1^+, x_2^+, \cdots, x_m^+\}$ 为正理想方案;取 $x_j^+ = \min_i x_{ij}$,即每个基础指标取各方案中的最大值为最劣,则称 $x^- = \{x_1^-, x_2^-, \cdots, x_m^-\}$ 为负理想方案。

5）计算各方案与正负理想方案的距离

第 i 个方案对以上求得的正理想点和负理想点的欧氏距离的计算公式如下:

$$L_i = \sum_{j=1}^{m} \sqrt{(x_{ij} - x_j^+)^2} \qquad (3-5)$$

$$D_i = \sum_{j=1}^{m} \sqrt{(x_{ij} - x_j^-)^2} \qquad (3-6)$$

式中:L_i——方案 A_i(第 i 个方案)到正理想点的贴近度;

D_i——方案 A_i 到负理想点的贴近度。

对每个方案施加以上运算,可得到各个方案对正理想点和负理想点的贴近度。

6）计算各方案的评估系数

由以上求得的各方案对正负理想点的贴近度,可得到各方案的评估系数。第 i 个方案的评估系数计算方法如下:

$$C_i = D_i/(D_i + L_i) \qquad (3-7)$$

式中:D_i 和 L_i——定义同上;

    C_i——方案 A_i 的评估系数。

显然,评估系数 C_i 越接近 1,方案 A_i 越接近正理想方案;评估系数 C_i 越接近 0,方案 A_i 越接近负理想方案。比较各方案的评估系数,就可优选出较好方案,实现对多方案的对比分析。

该方法可以进一步扩展为多时段的效能评估方法,在作战效能评估领域有较好的应用前景。

6. 基于效用函数的评估方法

效用理论最早是由伯努利于 1738 年在著名的"圣·彼德堡悖论"中提出的,后经埃齐沃思、拉姆塞及萨维奇等人的发展,在决策领域中被广泛使用。而效用值是指决策方案的后果对决策者愿望的满足程度,其既具有客观性又具有主观性。

由于效用函数描述的合理性、准确性直接影响效能评估结果的可信度,因此,在使用时要注重解决四个问题:评估指标的选取;指标对效能的影响;指标的效用函数确定;综合评估方法的设计。其中,评价指标的选取是基于效用函数评估的起点与归宿;指标对效能的影响分析是选择效用函数的依据;效用函数的选择及综合评估方法的设计是基于效用函数评估的关键。

常用的效用函数有线性的、拐点型的和指数型的。线性的效用函数有线性增长的、线性减弱的和线性增减型的。综合评估方法有加权求和形式的和乘积形式的。下面介绍几种典型的效用函数。

(1)线性增长型效用函数:

$$U = f(x) = (x - p_{\min})/(p_{\max} - p_{\min}) \qquad (3-8)$$

(2)线性减弱型效用函数:

$$U = f(x) = (p_{\max} - x)/(p_{\max} - p_{\min}) \qquad (3-9)$$

(3)线性增减型效用函数:

$$U = f(x) = \begin{cases} (x - p_{\min})/(p_{my} - p_{\min}) \\ (p_{\max} - x)/(p_{\max} - p_{my}) \end{cases} \qquad (3-10)$$

式中:U——待评估指标的效用值;

$p_{\max}$——评估变量的取值上限；

$p_{\min}$——评估变量的取值下限；

p_{my}——评估变量的峰值。

（4）一种拐点型效用函数：

$$U = f(x) = \begin{cases} 0 \\ 1/2 \times \{1 + \sin[\pi \times (x - 1.5)/2 \times (b - 1.5)]\} & ,a < x < b \\ 1 & ,x \geq b \end{cases}$$

$$(3-11)$$

式中：U——定义同上；

b 和 a——评估变量的取值下限和上限。

（5）指数型效用函数：

$$U = f(x) = \begin{cases} e^{-ax/S}, 0 < x < S \\ 0, x > S \end{cases} \qquad (3-12)$$

式中：U——定义同上；

a——效用函数的调节系数，一般依据专家经验而定；

S——门限值，是评估指标可能达到的最大值。

采用效用函数方法进行评估解算时，对于某评估指标，先选定该评估指标的效用函数类型，是线性的，还是指数型，确定一个具体的效用函数，而后将评估基础指标的解算值代入效用函数，即可得到该指标的效用值，该值是一个介于 0~1 之间的无量纲的值，如 0.8，便于进一步进行评估聚合和分析。可见，运用效用函数的评估解算就是将基础指标的初始评估矩阵转化为一个无量纲的值，类似于 TOPSIS 方法中的规范化和单位化操作。

实现评估基础指标值的无量纲转化之后，需进行评估聚合，得到用户最感兴趣指标（作战效能）的评估值，即实现评估综合。典型的评估综合方法如下：

（1）加权求和法：

$$U = \sum_{i=1}^{n} w_i f(x_i) \qquad (3-13)$$

式中：U——综合效用值；

w_i——第 i 个下层指标的权重；

$f(x_i)$——第 i 个下层指标的效用值。

（2）乘积法：

$$U = \prod_{i=1}^{n} f(x_i) \qquad (3-14)$$

式中：U 和 $f(x_i)$——含义同上。

评估综合方法的选择，依赖于评估指标的类型和评估指标间的依赖关系，如评估指标间相对比较独立，宜选择加权求和综合法，这也是最为常用的一种评估综合方法。乘积综合法通常作为一种辅助综合方法，与加权综合法结合起来使用。

以上介绍的效用函数评估方法，将决策理论中的效用函数方法应用于武器装备效能评估，对武器系统的性能指标分别建立其价值函数，将性能参数通过价值函数转换为效用值，以各性能指标为基础确定单项装备的作战效能评估值，然后逐阶推算到上一级武器，得出全武器系统的作战效能指标。用效用函数描述性能指标，可以将各性能指标对武器作战效能的贡献方式直接表达出来，从而明确了客观的性能因素是如何影响武器效能的。虽然在效用函数的建立过程中也存在着人的主观倾向，但这种倾向也是主观服从客观，是对客观事实的再现和表达，与一般主观因素的作用具有质的区别。下面以装甲装备行军阶段效能的解算为例，给出一个简单的应用。

行军阶段子效能的下层指标包括行军阶段的生存率（%），行军完成的时间（min），行军的资源耗费（L），于是行军阶段子效能的解算采用下式：

$$U(s,t,r) = f(s) \cdot f(t) \cdot f(r)$$

$$\begin{cases} f(s) = \begin{cases} e^{-as/S}, 0 < s < S \\ 1, s > S \end{cases} \\ f(t) = \begin{cases} e^{-bt/T}, 0 < t < T \\ 1, t > T \end{cases} \\ f(r) = \begin{cases} e^{-cr/R}, 0 < r < R \\ 1, r > R \end{cases} \end{cases} \qquad (3-15)$$

式中：$f(s)$、$f(t)$、$f(r)$——分别代表生存率、行军时间及行军资源消耗各异构指
                标对行军子效能贡献的效用函数，它们的复合效用 U
                的值是行军效能的解算值；

    S、T、R——分别是预期的行军生存率、预期的行军时间和预期的行军资
                源最大消耗值；

    a、b 和 c——针对具体任务而确定的常数，通常由专家经验而定，起到调

节效用幅度的作用。

7. 模糊综合评估方法

模糊评价,就是根据给出的评价标准和实测值,经过模糊变换后对事物做出评价的一种方法。而综合评价就是对多种因素所影响的事物或现象做出总的评价,即根据对评价的全体所给的条件,给每个对象赋予一个非负实数——评价结果,再据此排序择优。模糊综合评价方法包括如下六个基本步骤:

1)确定因素集

建立评估指标体系,并映射为相应的模糊综合评估因素集。设确定的评估因素集为 $U = \{u_1, u_2, \cdots, u_m\}$,$m$ 为评估因素的数量,即评估基础指标的数量。

2)确定模糊评判集以及相应得分

常用模糊评判集一般有 $V_1 = \{优、良、中、差\}$ 和 $V_2 = \{好、较好、一般、较差、差\}$ 两种。评估用户可以根据需要设计选择以上一种评判集,或设计新的评判集。在确定了评判集之后,需要确定每个评判等级的得分情况,为模糊综合做准备。设确定的评判集得分为 $v = \{v_1, v_2, \cdots, v_m\}$,$m$ 的含义同上。

3)确定底层指标的隶属度函数

所谓底层指标的隶属度,就是底层指标的无量纲的 $0 \sim 1$ 的评估值,如 0.9。确定底层指标的隶属度,就是实现评估基础指标值的无量纲转化。一般采用两种方法,一是对所有底层指标采用统一的隶属度确定方法,如专家方法;二是对所有底层指标区分指标的类型,定性指标采用专家方法确定隶属度,定量指标采用统一的隶属度函数确定隶属度,这是一种专家方法与函数方法相结合的隶属度确定方法,对于指标数量和类型较多的复杂评估问题,该方法比较常用。

常用的确定隶属度的专家方法有如下两种:

(1)某一因素,假定有 n 个专家逐一打分,第 j 个专家在 $(0,1)$ 上给的该指标的得分值为 x_j,其自信度为 a_j,得到 n 个数对 (x_j, a_j),$j = 1, 2, \cdots, n$,即 n 个专家的分值和自信度数对,则该因素或该评估指标的隶属度为

$$R(j) = \sum_{j=1}^{n} a_j x_j / \sum_{j=1}^{n} a_j \qquad (3-16)$$

式中:$R(j)$——待评估指标的隶属度值,它是一个无量纲的 $0 \sim 1$ 的数。

(2)设 n 为有效咨询次,y_{ij} 为因素 U_i 被评为等级 V_j 的次数,则有

$$R_{ij} = y_{ij} / n \qquad (3-17)$$

式中:$R(j)$——含义同上。

常用的确定隶属度的定量方法有如下两种:

（1）期望值方法。假定第 j 个因素的值为 x_j，与此对应的因素的值分别为 $x_{j1}, x_{j2}, \cdots, x_{jn}$，其中 n 为方案数，取 $f_j = \max\{x_{j1}, x_{j2}, \cdots, x_{jn}\}$，$g_j = \min\{x_{j1}, x_{j2}, \cdots, x_{jn}\}$，则该因素的隶属度值 $R(j)$ 可按以下方法进行标准化：

① 若 x_j 值越大，评估输出越高，对应指标为效应型，则隶属度为

$$R(j) = \begin{cases} (x_j - g_j)/(f_j - g_j), & f_j \neq g_j \\ 1, & f_j = g_j \end{cases} \tag{3-18}$$

② 若 x_j 值越小，评估输出越低，对应指标为成本型，则隶属度为

$$R(j) = \begin{cases} (f_j - x_j)/(f_j - g_j), & f_j \neq g_j \\ 1, & f_j = g_j \end{cases} \tag{3-19}$$

（2）满意度方法。将评估对象相对于理想对象的匹配程度或满意程度，定义为该评估对象的满意度，即隶属度 R。例如，对要求取值越大越好的指标，即效应型指标，则隶属度为

$$R(j) = \begin{cases} 1, & x_j \geqslant M_j \\ (x_j - m_j)/(M_j - m_j), & m_j < x_j < M_j \\ 0, & x_j \leqslant m_j \end{cases} \tag{3-20}$$

式中：x_j——指标初始评估值；

M_j——理想最大值；

m_j——理想最小值。

类似地可处理成本型指标。对适中型指标，则隶属度为

$$R(j) = \begin{cases} 2 \times (x_j - m_j)/(M_j - m_j), & m_j \leqslant x_j \leqslant (M_j - m_j)/2 \\ 2 \times (M_j - x_j)/(M_j - m_j), & (m_j - m_j)/2 \leqslant x_j \leqslant M_j \\ 0, & x_j > M_j \text{ 或 } x_j < m_j \end{cases}$$

$$\tag{3-21}$$

4）基于 AHP 的指标加权

在模糊综合评判过程中，指标权重的确定直接影响到综合评判的结果。模糊综合评估方法采用层次分析法确定各评价指标对应于上一层指标的重要性权值，具体方法如下。

（1）针对评估指标体系，选用一种 AHP 打分方法，对同层因素两两比较量化，形成判断矩阵 $A = (a_{ij})_{n \times n}$。

（2）层次排序及其一致性检验。判断矩阵 A 的最大特征值所对应的特征

66

向量,经归一化后得到同一层各因素对应于上一层某因素的相对重要性权值。由于判断矩阵是根据人们的主观判断得到的,不可避免地带有估计误差,因此要进行排序的一致性检验。

5）确定模糊聚合方法

模糊聚合的目的是综合下层指标的隶属度值以及其对本层指标的权重信息,得到本层指标的隶属度值。常用的模糊综合方法有如下两种。

（1）模糊矩阵的合成运算,实现模糊聚合,即

$$\boldsymbol{B} = \boldsymbol{A} \circ \boldsymbol{R} = (B_1, B_2, \cdots, B_n) \qquad (3-22)$$

其中,n 为评判等级数;

$B_n = \overset{m}{\vee} A_i \wedge R_{ij}, j = 1, 2, \cdots, n; \wedge$ 表示 A_i 与 R_{ij} 比较取最小值; $\vee$ 表示要 $(A_i \wedge R_{ij})$ 的几个最小值中取最大值。若 $\boldsymbol{B}$ 的各分量之和不为 1,则作归一化处理。

（2）用矩阵简单相乘,实现模糊聚合,即

$$\boldsymbol{B} = \boldsymbol{A} \cup \boldsymbol{R} = (B_1, B_2, \cdots, B_n) \qquad (3-23)$$

6）模糊综合

顶层指标对各个评判等级的隶属度确定时,需进行最后的模糊综合评价,算式为

$$\boldsymbol{D} = \boldsymbol{B}\boldsymbol{V}^{\mathrm{T}} \qquad (3-24)$$

式中:$\boldsymbol{D}$——顶层指标的模糊综合评价值;

$\boldsymbol{B}$——顶层指标的隶属度向量;

$\boldsymbol{V}$——评判集得分向量。

由以上步骤,就实现了评估基础指标的无量纲化、评估聚合和评估综合,得到了用户最关心的顶层指标,即作战效能的模糊综合评估值,完成了基于模糊综合评价方法的作战效能评估解算过程。

8. 层次分析法（AHP）

所谓层次分析法,即根据问题的性质和要求达到的目标,分解出问题的组成因素,并按因素间的相互关系及隶属关系,将因素层次化,组成一个层次结构模型,然后按层分析,最终获得最低因素对于最高层的重要性权值,或进行优劣排序。该方法的基本步骤如下。

（1）分析系统中各因素之间的关系,建立系统的递阶层次结构。

（2）对同一个层次元素相对于上一层次中某一个准则的重要性进行两两比较,构造两两比较判断矩阵。例如,如果某层次因素 A_k 和下一层次 B_i 有联

系。采用 9 标度法赋值形成判断矩阵,即

$$
A = \begin{bmatrix} b_{11} & b_{12} & \cdots & b_{1n} \\ b_{21} & b_{22} & \cdots & b_{2n} \\ \vdots & \vdots & \vdots & \vdots \\ b_{m1} & b_{m2} & \cdots & b_{mn} \end{bmatrix}
$$

算法流程具体如下:

① 计算判断矩阵每一行元素的乘积 M_i,即

$$
M_i = \prod_{j=1}^{n} b_{ij}, \ i = 1,2,\cdots,n \tag{3-25}
$$

② 计算 M_i 的 n 次方根 $\overline{W} = \sqrt[n]{M_i}$;

③ 对向量 $\overline{W} = \begin{bmatrix} \overline{W_1} & \overline{W_2} & \cdots & \overline{W_n} \end{bmatrix}^{\mathrm{T}}$ 规范化,则得到所求的特征向量为

$$
W_i = \overline{W_i} \bigg/ \sum_{j=1}^{n} \overline{W_i} \tag{3-26}
$$

④ 计算判断矩阵的最大特征值 $\lambda_{\max}$,有

$$
\lambda_{\max} = \sum_{i=1}^{n} (AW)_i / (nW_i) \tag{3-27}
$$

⑤ 层次单排序的一致性检验:

一致性指标为

$$
\mathrm{CI} = (\lambda_{\max} - n)/(n - 1) \tag{3-28}
$$

平均随机一致性指标为

$$
\mathrm{CR} = \mathrm{CI/IR} \tag{3-29}
$$

式中:RI——同阶平均随机一致性指标,有表可查。

保证排序通过一致性检验,由此就完成了判断矩阵的构造。

(3)由判断矩阵计算被比较元素对于该准则的相对权重。

(4)计算各层元素对系统目标的合成权重,并进行排序。

层次分析法是近年来兴起的一种评估方法,它用定性和定量相结合的方法处理各决策因素的特点,并且具有系统、灵活、简洁的优点,在一定的领域得到了广泛的重视。该方法通常与其他方法结合起来使用,例如,与模糊综合评价方法以及 TOPSIS 方法的综合运用。

3.4 评估建模框架

3.4.1 基于状态的 ADC 评估框架

ADC 评估框架是对 ADC 评估方法的一种延伸,即基于该评估方法的基本思想,将评估指标要素概念化为建模要素,用于指导评估模型的构建。以下为基于 ADC 评估框架的评估建模过程。

1. 基于 ADC 的评估指标体系拟定

在 ADC 框架中,A 代表可用性,D 代表可信性,C 代表固有能力,其中,A 和 D 是系统存在状态,而系统固有能力的发挥受制于系统的状态。可以将武器装备的作战效能分解为 A、D 和 C,即可用性、可信性和固有能力三个方面,这就体现了对系统状态转换和更替的考虑。

我们知道,对评估指标体系的基本要求是科学、合理和完备,而评估框架为确保评估指标体系的科学完备提供了理论依据。将武器装备作战效能分解为 ADC 之后,就实现了对评估指标体系第一层分解,通过进一步分解,即可完成评估指标的拟定过程。

2. 评估指标解算方法的选择

如前所述,评估指标解算主要包括基础指标解算和评估聚合。ADC 方法中通过构建 A、D 和 C 三个计算矩阵,通过矩阵相乘,获得作战效能的解算值。但计算矩阵的构造过程比较复杂,且容易出错,应尽量回避这一繁复的过程。一个比较有效的思路如下:

(1) 对指标树最下层的指标,可充分利用多维评估数据,包括专家经验数据、仿真数据和试验数据等,通过恰当方法(如样本学习),得到指标的解算值;

(2) 在此基础上,对上层指标,考虑指标聚合方法的选择,选择的依据同样是指标的性质,是成本型(越小越好)、效益型(越大越好),还是适中型,选择合适的算法(如效用函数方法、模糊评价方法等),得到指标的评估值;

(3) 对上层指标,依据指标性质,选择恰当的评估聚合方法,如加权和、加权乘等方法,即可得到上层指标的评估值;

(4) 最后,通过评估综合,得到顶层指标的评估值,完成指标解算过程。

可见,以上思路体现了目标规约的基本思路,将大问题分解为若干小问题,通过小问题的解决,能够化繁为简,实现对目标问题的各个突破和最终解决,符合人们解决问题的常规思路,是评估解算的有效途径。

3．评估模型构建

既然评估解算体现了问题分解和问题综合的过程,体现了演绎和归纳的一般思维过程,评估模型的构建过程也应与这一过程相吻合,即基于柔性建模思路,借鉴柔性软件设计思路,通过基本建模单元的构建,为评估建模奠定工具基础。由此确保所建评估模型具备可扩展性和可重用性,即柔性,以适应多样和多变的评估需求。

3.4.2　基于控制论的 SCA 评估框架

SCA 评估框架是对 SCA 评估方法的一种延伸,将 S、C 和 A 这三个方法要素的基本含义,演化为评估指标分解的基本依据。例如,导弹武器装备的作战能力指标可分解为战场感知能力、指挥控制能力和固有能力。这与前面提到的武器装备效能结构是一致的,即作战能力受制于其固有能力。由此,可将 S、C 和 A 作为评估指标分解的依据,发展为评估建模时的建模要素,用于指导评估模型的构建。以下为基于该评估框架的评估建模过程。

1．评估指标体系拟定

依据 SCA 框架,可将作战能力分解为战场感知能力、指挥控制能力和固有能力,这些指标可进一步分解,直到得到可度量的指标为止,由此就完成了作战能力评估指标体系的拟定过程。

2．评估方法选择

在 SCA 评估框架中,具体指标解算方法的选取原则与 ADC 框架类似:可采用基于统计学习的数据融合方法进行基础指标解算;选择定性定量相结合的方法进行上层评估指标解算和评估聚合,如 TOPSIS 方法和效用函数方法。

3．评估模型构建

基于 SCA 框架进行评估建模时,遵循与以上评估框架类似的原则,以评估模型的柔性作为评估建模的基本取向,即基于柔性建模思路,借鉴柔性软件思路,以提高评估模型对多样和多变的评估需求的适应性为目标,通过构建基本建模单元,为柔性评估建模提供技术支撑。

3.4.3　适应复杂电磁环境下作战的 ADCE 评估框架

未来信息化战争中,战场中的电磁辐射源的数量日益增多,密度日益增大,分布日益广泛,信号日益复杂,信号威胁程度也越来越高,这就使得战场电磁环境越来越复杂化。信息化战场上的各种作战平台,通过信息系统的无缝链接形成一体化的作战体系,其整体作战效能得到大幅度的提高,但其整体作战效能的形成与发挥依赖于各类电磁应用活动,并在更大的地理空间范围和频谱范围内受到战场电磁环境的多重影响。可见,在复杂战场电磁环境下,信息化武器装备,尤其是电子战装备,其作战效能的有效发挥严重受制于其电磁兼容性能的好坏,信息化武器装备的电磁兼容性是其作战效能发挥的重要影响因素。

在日益复杂的电磁环境下,ADC 评估框架已不能体现电磁环境对装备作战效能的影响,进行电子对抗装备作战效能评估时,需将 ADC 框架扩展为 ADCE (E 表示电磁兼容性)评估模型框架,以适应电子战装备作战效能评估的研究需求。

ADCE 框架的运用模式与 ADC 方法类似。不同之处在于,拟定评估指标体系时增加对武器装备电磁兼容性的考虑,将系统电磁兼容性作为独立的指标分支,以突出其对系统作战效能发挥的影响作用。此外,该评估框架适用于信息化武器装备,对机械化装备不适用。

3.4.4 面向电子对抗装备的 ADCE + SCA 评估框架

电子战装备作战评估的目的是检验评估对象完成相应电子战作战任务的程度。例如,对于雷达对抗侦察系统,其电子战任务是探测目标雷达,其作战效能评估目的,就是检验其执行目标雷达探测和信号测量任务的完成程度。

1. 评估指标体系的拟定

拟定电子战装备作战效能评估指标体系时,应基于装备战术技术指标和使命任务,突出装备对抗特性。此外,随着战场电磁环境的日益复杂化,装备电磁兼容性对其作战效能的发挥的影响作用越来越不容忽视。适用于常规武器装备作战效能评估的 ADC 评估模型框架,已不能体现装备电磁兼容性对其作战效能发挥的制约作用,可将该模型扩展为 ADCE 评估模型框架,以适应电子战装备作战效能评估的研究需求。

另外,对于武器装备的固有能力 C,借鉴控制论思想,将武器装备视为人工可控系统,按照 SCA(Sensor – Controller – Actuator)的思路进行分析作战能力指标的分解。

由此,拟定电子对抗装备作战效能评估指标时,可依据 ADCE + SCA 的参考模型框架进行评估指标的选择和分解。

2．评估方法的选择

选择电子对抗装备作战效能评估方法时，可沿用常规武器装备效能评估方法选取思路：如指标体系中有指标难以定量化，为确保科学合理的评估实施，应考虑对包括专家数据、经验数据、实战数据和仿真数据等多维评估数据的融合，采用定性与定量相结合的评估方法，实现对装备作战效能的综合一体化评估。

3．评估模型的构建

建立计算机可执行的评估模型，应兼顾模型的可移植性、可扩展性和灵活性要求，宜采用基于功能组件的柔性评估建模方法，例如，基于算子的评估建模方法，能够确保所建模型的可控性和可读性。

第4章 基于算子的柔性评估建模方法论

武器装备作战效能评估时,为便于评估问题理解和评估方案调整,需建立评估指标体系和评估模型间的直观关联。评估指标体系依据评估需求拟定,为体现评估需求的多样性和可变性,评估建模时要体现可扩展和可重用的"灵活性",即柔性,这就是进行柔性评估建模研究的初衷。

评估建模是武器装备作战效能评估过程中的关键环节之一,其基本过程就是基于评估方法,建立计算机上可执行的评估模型,作为评估指标解算的支撑工具。采用基于功能组件的评估建模方法,使得建立的评估模型具有较好的扩展性和重用性,是实现柔性评估建模的一种有效途径。常用的功能组件包括框图和算子。基于框图建立的评估模型称为框图网络模型,基于算子建立的评估模型称为算子树模型。由于算子树的树状结构与评估指标体系具有较好的外观一致性,本书采用算子作为评估建模的基本单元,提出了基于算子的柔性评估建模方法论,对武器装备作战效能评估领域的评估建模研究具有借鉴意义。

本章以基于算子的问题求解思路为主线,首先对算子的概念做了重新界定;其次,针对武器装备作战效能评估问题,阐述了评估方法算子化的基本思想和实现方法;最后,对基于算子的评估建模方法进行了理论概括,以方法论的形式确立了基于算子的评估建模方法对武器装备作战效能评估的重要支撑地位。

4.1 基于算子的问题求解

4.1.1 基本思想

基于算子的问题求解,是基于人工智能的目标规约理论,将问题—问题表达—问题求解这一解决问题的一般过程,分别映射为问题域、表达域和求解域,而算子正是不同域间有效过渡的关键,起到了桥梁和纽带的作用。其中,从问题到问题表达的映射,是一个问题分解和目标规约的过程,这一映射过程就形成了概念层次的算子;从问题表达到问题求解的映射,是一个方法取舍和建模的过程,这一映射过程形成了软件层次算子的概念。以上不同域间的映射过程,就从理论、方法和工具层面实现了基于算子的问题求解。

1．概念层次的算子

本书扩展了算子的概念,将算子定义为功能单元,该功能单元可映射为数学上的泛函数,这样,前面提到的问题求解树的问题节点,可以依据其问题求解功能,映射为概念层次上的算子,这样就实现了基于算子的问题表达。

问题求解的起点是问题表达,但问题求解的目标和终点是对问题求解方案的执行。这就意味着,如果能够将概念层次上的算子映射为软件实现层次上的算子,算子实现对相应节点问题方案的执行,那么,基于计算机高速有效的运算速度和智能化的方案调度,复杂的问题求解就很容易实现了。所以,本书进一步引入软件层次上的算子的概念。而且,本书所提到的算子,多指软件实现层次上的算子。

2．软件层次的算子

软件层次上的算子是封装了一定操作的应用组件。算子定义了输入和输出接口,用来实现算子间的交互,同时,算子封装了对应问题节点的问题求解方案,负责该问题求解方案的执行。算子有复合算子与原子算子两种类型。复合算子是可包含其他算子的算子,原子算子是不包含其他算子的算子。软件层次上的算子通过数据接口,组装成与问题表示对应的层次化的算子树,即目标问题的求解模型,在计算机上执行该模型,便可实现对目标问题的求解。在目标问题求解过程中,算子间通过数据接口进行交互,其交互关系包括包含关系和时序关系。包含关系的含义:如果算子 A 包含算子 B 和算子 C,则算子 A 的求解是通过算子 B 和算子 C 的求解实现的。时序关系的含义:如果算子 A 和算子 B 具有时序关系,则算子 B 的求解以算子 A 的求解为前提。

3．基于算子的问题求解过程

基于算子的问题求解可以采用如下步骤:

(1) 将问题求解树的每个节点对应为一个算子,封装对应节点的问题求解方案,即生成一个层次化的算子树,该算子树就是针对目标问题的问题求解模型。

(2) 通过算子间的数据交互,求解目标问题。

以上问题求解过程达到了化整为零、各个突破的效果。而且,该过程体现了基于概念层次上的算子的问题表示,以及基于软件实现层次上的算子的问题求解。

4. 基于算子的问题求解方法

基于算子树的问题求解方法，就是对目标问题实施目标归约过程，生成层次化的问题求解树，问题求解树进一步映射为层次化的算子树，通过算子间的数据交互，求解目标问题。该方法的关键是问题求解树的生成，更进一步说就是算子的设计。可以认为，该方法的核心内容是基于算子的分析、基于算子的设计和基于算子的建模。

1）基于算子的分析

这里的算子是概念层次上的算子，强调以算子化为目标的问题分析。从目标到子目标的问题归约过程是通向算子化的有效途径。

2）基于算子的设计

这里的算子是指软件层次上的算子。基于算子开发规范，开发针对某领域问题的算子集，该算子集作为有用的应用元件，在实现针对该领域问题的问题求解时，能够即插即用，方便灵活，具有很好的封装性和扩展性。

3）基于算子的建模

这里的算子是指软件层次上的算子。算子设计完成后，就可以根据目标问题容易算子化的问题表达，即问题求解树，组装已有的算子元件，生成针对目标问题的算子树模型，使用该模型，实现对目标问题的求解。

基于算子树的问题求解方法，体现了目标问题到问题表示进而到问题解决方案的两次映射。而且，算子树模型具有很好的可视化效果，便于用户对问题和问题解决方案的理解，以及对问题求解方案的灵活调整。所以，基于算子树的问题求解方法是解决复杂问题求解的一种有效途径。

4.1.2　算子与框图

如前所述，常用的功能组件包括框图和算子。

算子是封装了一定操作的功能单元，每个算子规定了输入输出数据类型和一些相关属性，算子之间，通过数据接口实现交互，若干算子在输入输出接口相容的前提下，组成合法的算子树模型。

框图是框图形式的功能单元，每个框图是规定了输入输出数据类型以及一些相关的框图属性，具有某项功能的实用组件。若干框图组件，在输入输出接口相容的前提下，组成框图网络模型。

可见，算子与框图作为实用的功能元件，都可以作为柔性评估建模的有效支撑工具，以下为两者的异同。

1．相同点

（1）都具有封装性，算子和框图都可以封装一定的操作。

（2）都具有可组装性，都可以作为建模元件，组合成为针对某对象的功能模型。组合的前提都是数据接口的相容。

2．不同点

（1）内涵和形式不同。算子是封装了一定操作的功能单元，可组装成算子树形式的功能模型，可封装武器装备作战效能评估的一系列方法，生成评估指标算子集，支持评估模型的建立。框图组件是功能模块的框图形式的可视化表现形式，可组装成框图网络形式的功能模型。可以采用基于框图节点的网络建模方法建模。其中框图节点对应层次化组合式建模方法中的评估模型元件，而评估网络模型对应评估模型组件。

（2）算子的对外接口是隐式的，而框图是显式的。

（3）算子能够显式地表达串行操作，对并行操作的表现力不及框图。

（4）算子能够显式地表达建模对象的层次关系，框图对层次关系的表现力不及算子。

（5）算子具有规划性更好的树状形式，但接口关系不甚明了；框图具有规划性略差的基于连线的网状形式，但接口关系非常直观明了。

总之，算子和框图都是支持柔性评估建模的重要元件，但两者的不同特点，决定了不同的适用范围，可以根据实际应用的需要，选择适当的功能元件，如算子或框图。

4.1.3 评估问题求解树

武器装备作战效能评估问题是复杂的问题求解过程。武器装备作战效能可以用一个层次化的指标体系来度量，低层指标的度量值计算是评估解算过程的起点，而后采用适当的评估聚合方法，得到高层评估指标的度量值。将评估指标体系的各个指标的求解对应为评估问题求解树的问题节点，而且，按照问题求解树的生成原则，如包含性，即得到针对评估问题的问题求解树。如图 2－1 所示，武器装备作战效能的度量值的解算取决于指标 A_1、A_2 和 A_3 度量值的解算，而 A_1 度量值的解算取决于 A_{11}、A_{12} 和 A_{13} 度量值的解算。

1．基于 SCA 评估框架的评估问题分解

基于 SCA 评估方法的问题分解，将防御方的武器装备的作战效能评估问题分解为防御方传感器评估（S）、防御方控制器评估（C）和防御方执行器评估

（A）三个子问题,防御方执行器评估进一步分解为防御方的武器装备的作战潜能评估和进攻方武器装备的作战效能评估两个子问题,而进攻方的作战效能的评估又可进一步分解为进攻方传感器评估(S^*)、进攻方控制器评估(C^*)和进攻方执行器评估(A^*),由此生成评估问题求解树,如图4-1所示。

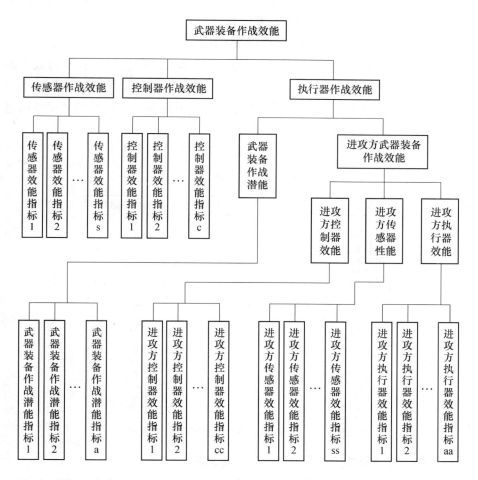

图4-1　基于SCA方法的评估问题求解树示例

2. 基于效用函数方法的评估问题分解

依据效用函数的算法流程,将相对独立的算法块进行封装,作为评估解算的子问题,如效用值求解算法块、效用聚合算法块等,由此,就实现了基于效用函数方法的问题分解。基于效用函数的评估问题分解,较 SCA 方法,分解方案要多,甚至可以基于 SCA 方法进行分解,即在双方控制器、传感器和执行器效能评估指标的选取时,考虑效用函数的结构。

3. 基于 TOPSIS 方法的评估问题分解

基于 TOPSIS 方法的评估问题分解,类似于以上效用函数方法,也具有较多的分解方案。一般的评估指标体系都可以直接映射为评估问题求解树,而后依据指标层次和类型选择算子并设置算子属性。

4. 基于 ADC 评估方法的评估问题分解

基于 ADC 方法的评估问题分解,将武器装备效能评估问题分解为武器装备可用性(A)评估、武器装备可信性(D)评估和武器装备能力(C)评估三个子问题,武器装备能力评估可进一步分解为更小的子问题。由此得到的评估问题求解树,如图 4-2 所示。

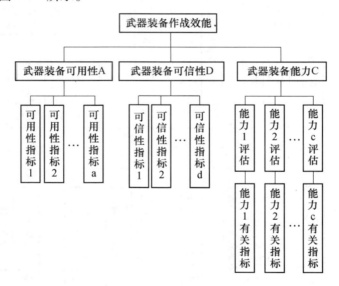

图 4-2 基于 ADC 方法的评估问题求解树

5. 基于统计学习的评估基础指标解算问题分解

基于统计学习的评估基础指标解算分解,依据第 2 章提到的基于统计学习的仿真评估方法。可以按照统计学习的一般流程对基础指标解算问题进行分解,即分解成数据载入、数据预处理、样本学习、模型验证、指标预测和结果输出几个子问题(部分子问题可略去)。由此生成的基础指标解算问题求解树如图 4-3 所示。

78

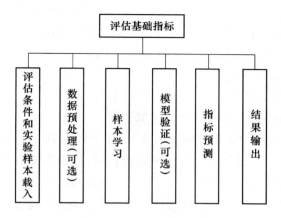

图4-3 基于统计学习的基础指标解算问题求解树

同样,评估问题的问题求解树也可以依据第3章介绍的其他评估方法来设计。例如,可以设计基于指数模型或概率模型的问题求解树,基于模糊综合评估方法的问题求解树。总之,问题求解树的建立,使得评估问题简化为一系列评估子问题,达到了化整为零、各个突破的效果。

4.1.4　评估问题算子树

将以上问题求解树的问题节点对应为算子,算子封装对应问题节点的问题求解方案,即生成评估问题算子树。该算子树就是评估问题的问题求解模型,其中,组成算子树的算子元件是封装指标解算功能的功能单元,算子通过数据接口关系,实现评估指标解算,支持评估问题的求解。

1. 基于 SCA 评估方法的评估算子树

依据图4-1所示的评估问题求解树,设计相应的评估算子,包括传感器作战效能评估算子、控制器作战效能评估算子、执行器作战效能评估算子、武器装备作战潜能评估算子、进攻方传感器作战效能评估算子、进攻方控制器作战效能评估算子、进攻方执行器作战效能评估算子(进攻方的武器装备作战潜能评估算子),以及敌我双方的控制器、执行器和传感器的作战效能指标解算系列算子。按照问题求解树的结构组织以上算子,即生成基于 SCA 方法的评估算子树模型。

2. 基于效用函数评估方法的评估算子树

依据问题求解树设计相应的评估算子,体现效用函数的算子封装效用函数,并设计与效用函数相关的算子属性。以装甲装备行军阶段子效能评估为例,由于该效能由行军时间、行军阶段生存概率和行军消耗资源三个指标的效用值决定,所以,评估装甲装备行军阶段的效能时,需要设计行军时间算子、行军阶段生存概率算子和行军消耗资源算子,分别封装行军时间效用函数、行军阶段生存概率效用函数和行军消耗资源效用函数。

3．基于 TOPSIS 评估方法的评估算子树

依据问题求解树设计相应的评估算子,算子封装 TOPSIS 方法,也可以依据 TOPSIS 方法的运用步骤,设计 TOPSIS 系列算子,包括方案矩阵规范化算子、方案矩阵单位化算子、方案矩阵加权算子、正负理想点求解算子、方案评估系数求解算子,封装方案矩阵单位化、规划化、加权、正负理想点求解和方案评估系数求解操作。

4．基于 ADC 方法的评估算子树

依据图 4 - 2 所示的问题求解树,设计相应的评估算子,包括武器装备可用性评估算子、武器装备可信性评估算子以及武器装备能力评估系列算子等,封装武器装备可用性数据、可信性数据的加载操作,以及武器装备能力评估等操作。按照问题求解树的结构组织以上算子,即生成基于 ADC 方法的评估算子树模型。

5．基于统计学习的评估基础指标解算算子树

依据图 4 - 3 所示的问题求解树,设计相应的评估基础指标解算算子,包括实验样本预处理系列算子、样本学习系列算子、模型验证系列算子、评估基础指标预测系列算子。

1）实验样本预处理系列算子

该系列算子包括样本标准化算子、样本过滤算子等。该类算子输入仿真实验提交的实验样本,输出预处理过的实验样本,封装定性指标的量化操作,异常样本的剔除操作,缺失样本的修复操作等。

2）样本学习系列算子

该系列算子包括支持向量机回归算子,最小二乘回归算子及其他机器学习算子。该类算子输入实验样本,输出因素—指标关系模型,封装机器学习有关算法,如支持向量机算法。

3）模型验证系列算子

该系列算子包括交叉验证算子及其他模型验证算子。该类算子输入因素—指标关系模型,输出模型有效性评价度量指标向量,如绝对离差、均方离差

等都可以作为模型有效性的度量标准,封装模型有效性度量指标的解算操作。

4）评估基础指标预测系列算子

该系列算子包括回归计算算子等。该类算子输入有效的因素—指标关系模型和评估条件,输出评估基础指标预测结果。

按照相应的问题求解树的结构选择并组合以上算子,即得到评估基础指标解算算子树模型。

4.2 评估方法算子化

评估方法算子化,就是将基于算子的问题求解方法应用于武器装备作战效能评估领域,通过对各种评估方法涉及的相关算法进行封装,设计针对对应评估方法的算子集合,作为武器装备作战效能评估解算的支撑工具。

4.2.1 算子化研究现状

对于软件层次上的算子,国内某些领域的应用系统中也出现了对算子的描述,如数据库技术领域的查询算子、更新算子,但是该算子只是一种功能上的抽象,并不是一种可见的实用元件,更谈不上算子元件库的构造。在国外,人工智能领域已经形成了支持人工智能方法集成的人工智能相关的算子元件库,并体现在人工智能的软件设计与实现上,这对柔性评估建模研究是一个重要启示。

基于算子的柔性评估建模方法,已在装甲武器系统、导弹、舰船和电子对抗等武器装备的作战效能评估中得到成功应用,为方法论的形成奠定了方法基础和应用基础,并将最终推动基于算子的柔性评估建模思想在评估领域占据重要的位置,推动武器装备作战效能评估的规范化进程。

4.2.2 算子化基本思路

评估算子化的实现依赖于评估算子的设计,算子设计时,首先要明确算子化的一般过程,并对评估算子的概念进行界定;其次,可基于各评估方法的相关算法,在算法封装和算子组合的基础上,设计对应各评估方法的评估算子,作为基于算子的评估建模的支撑工具。

1. 算子化的基本过程

算子化的一般过程主要包括算子的构造和算子树的构造两个环节。

1）算子的构造

算子的构造是指算子封装内容、算子接口和算子属性等的确定。

2）算子树的构造

算子树的构造是指针对某个研究问题的算子的交互关系，即通过这种交互，将算子单元组装成为层次化的算子树，以适应复杂的武器装备作战效能评估问题求解。

总之，武器装备作战效能评估的算子化研究的核心，是针对武器装备作战效能评估问题的算子和算子树的构造。

2. 武器装备作战效能评估算子化

武器装备作战效能评估都遵循一定的工作流程，并有比较完整的方法体系，具备算子化研究的良好基础。

在武器装备作战效能评估的算子化研究中，可以遵循两种思路，即对工作流程的封装和对评估分析方法的封装。武器装备作战效能评估采用固定的工作流程，而评估方法的多样化，适用于封装方法的思路。武器装备作战效能分析具备灵活可变的工作流程，在考虑方法封装的同时，可以考虑对流程的封装。所以，进行武器装备作战效能评估与分析的算子化研究时，首先，要明确武器装备作战效能评估与分析的工作流程，作为算子树构造的依据；其次，要理清武器装备作战效能评估与分析的相关方法，以作为确定算子构造（即算子设计）的依据。

3. 评估算子设计思路

算法封装，就是将各个评估方法的评估解算相关算法进行合理分解，形成若干解算单元，基于该解算单元设计相对独立的功能模块。算法组装，就是将算法封装形成的若干功能模块单元，在接口相容的前提下，进行模块组装，生成更强解算能力的更复杂的功能模块，即模型的组合。显然，通过算法组装应能够还原对应评估方法的评估解算过程。评估算子设计就是基于算法封装进行的，算法封装的目标就是形成若干相对独立的算子形式的功能模块；通过算法组装，就可将算子单元重组在一起，形成针对一定评估方法的算子树形式的功能模块，从而实现柔性评估建模。

总之，武器装备作战效能评估的算子化研究，就是施加目标归约过程于武器装备作战效能评估问题，生成针对武器装备作战效能评估问题的问题求解树，而后将问题求解树的问题节点映射为算子，从而生成针对武器装备作战效能评估和分析问题的算子树模型。

4.2.3 算子化的适用条件分析

算子化是一种重要的组件化方法,通过有效的封装和组合,使得对问题的求解达到了化整为零、各个突破的效果。但并非所有的问题都需要算子化、能够算子化。依据算子化的基本思路,算子化的适用条件如下。

(1)待求解问题的复杂度不能太低。由于算子突出的优点是封装性和可组合性,算子化对于处理复杂问题有特别的优势。而针对简单问题的算子化,不但不能有效体现算子组件和算子树模型的优势,反而将问题求解过程复杂化。例如,对于简单的数据采集问题,只需要最基本的 I/O 读写操作及相关操作即可以圆满解决此类问题,无需考虑算子化。

(2)求解问题时定性分析的成分不能太多。定性分析需要人员的介入,太多的定性分析将涉及大量的人机交互,从而需要设置较多的属性配置接口,为定性分析数据的录入创造条件,这就使得算子的封装性难以得到充分的体现。例如,以专家经验为主的综合集成研讨问题,运用算子化的方法就显得比较勉强,也无从体现算子的优势。

(3)问题的分解是可能的。问题的可分解性是组件化的基本条件。如果问题的关联性太强而不能分解,算子化就没有意义,也没有可能。例如,对于最短路径的求解问题,涉及到判断、选择、优化和回溯等环节,层次化的算子树模型是无法胜任此类问题的求解的。

(4)问题分解所得的节点问题具有较好的层次性。将算子组装而生成的算子树模型具有较好的层次结构,能够较好体现节点问题的层次性。如果节点问题的层次性不强,以上优点就难以得到体现。例如,评估问题求解的关键是层次化的评估指标体系的构建,而对于这种层次化的评估问题表达方式,通过层次化的算子树形式的问题求解模型的构建,可比较完美地解决评估问题—评估问题表达—评估问题求解之间的有效映射。因而,算子化是解决评估问题的比较理想的方案。

总之,算子化是解决复杂问题求解重要思路和有效手段,对于日益复杂的武器装备,其作战效能评估问题完全满足以上算子化的适用条件。因而,进行评估方法的算子化研究,构建丰富和实用的评估算子元件库,是实现基于算子的柔性评估建模的有效途径。

4.3 基于算子的柔性评估建模

4.3.1 基本思想

"柔性"与英文"flexible"同义,与强调灵活性、可重用性、可扩展性的建模思想相吻合,在仿真建模领域已经得到了广泛推崇和成功应用。评估建模和仿真建模一样,有灵活性、重用性和扩展性要求,"柔性"一词在评估建模领域也适用。柔性评估建模思想是先进评估建模理念的集中体现。

1. 柔性建模的层次

进行武器装备作战效能评估建模时,可将评估建模的柔性分为问题层次的柔性和方法层次的柔性。

1)问题层次的柔性

武器装备效能评估问题可进行类化分析,针对不同类型的评估问题可抽象出不同的评估模式,这些评估模式在评估建模时,可以采用评估模板的形式,以提高所建评估模型的柔性。例如,地面电子战装备与空中电子战装备,其作战效能评估就有差异,因为后者要突出装备的突防能力;另外,电子战装备和机械化装备,其作战效能评估也有较大的差异性,前者要突出对战场电磁环境的适应能力。总之,不同类型装备应当匹配不同的评估问题模式,在评估建模时,应匹配不同的评估模板,这样才能在武器装备日益复杂化的发展趋势下,有效提高评估建模效率,并满足评估建模时资源有效共享的需要。

算子树形式的评估模板库,提供了针对不同评估问题模式的评估模板,而且,可以根据需要对该模板库不断进行更新和扩充,以满足评估资源共享的需要。因而,评估模板库是增加评估建模过程"柔性"的重要途径。

2)方法层次的柔性

如前所述,武器装备作战效能评估方法是多种多样的,且各种方法都不可避免地存在优势和不足。对于不同评估问题模式,不同评估方法的适用性和有效性是不同的,对于复杂评估问题,单一评估方法可能是无法奏效的,这就需要综合运用多种评估方法,达到取长补短,优势互补的目。

通过评估方法算子化,形成基于不同评估方法的算法单元,即算子元件,作为评估建模的基本单元,由此就形成了支持评估建模的算子资源库。通过调用针对多种方法的算子元件,就可轻松实现对多种方法的综合运用。例如,TOP-

SIS + AHP、效用函数 + AHP、模糊综合 + AHP 等综合评估方案,都可以通过算子的调用和组装来实现。

所以,以评估方法算子化为手段的评估方法模块化,是实现方法层次的柔性的有效途径。

2. 柔性评估基本思想

基于算子的柔性评估建模方法论的基本思路如图 4 - 4 所示。

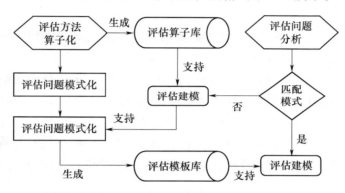

图 4 - 4 柔性评估建模思想示意图

1) 评估问题分析

评估问题分析是柔性评估的起点,通过这一环节,确定评估对象的评估问题模式。

2) 评估模板匹配

评估模板匹配,就是在评估模板库匹配合适的评估模板,如果匹配成功,则直接调用匹配的模板,作适当的属性修改和算子的更改,即可完成评估建模。

3) 评估模型构建

评估模型构建,就是当模板匹配不成功时,从算子库调用合适的评估算子元件,重新构建针对该问题模式的评估算子树模型,构建完毕,将该模型作为新的模板资源加入到评估模板库,以便用于同类评估问题的评估建模。

以上评估建模过程中,评估方法算子化是评估算子库构建的方法基础,评估问题模式化是评估模板库构建的基础,且评估算子库和评估模板库都是开放的、可扩展的评估建模资源库。

总之,柔性评估建模是以评估方法算子化为起点,针对不同评估问题模式,采用适当的评估建模元件,构建丰富的适用多种评估问题模式的评估模板库,以提高评估建模的灵活性、通用性、扩展性和重用性,集中体现了先进评估建模理念的基本取向。

4.3.2 建模基本流程

基于评估算子的武器装备效能评估建模的基本流程如图4-5所示,其基本步骤如下。

（1）依据武器装备效能评估指标体系,确定武器装备效能评估概念模型。

（2）将评估指标体系的每个树节点对应为一个评估算子。

（3）依据评估方法选择适当评估算子元件,例如,采用效用函数评估方法时,可选用效用函数评估算子作为评估建模元件。

（4）运用所选算子元件构造算子树评估模型。

（5）设置算子属性,导入评估数据。其中,评估数据可以是仿真结果数据或专家经验数据,也可将仿真结果数据和专家经验数据综合作为评估源数据。

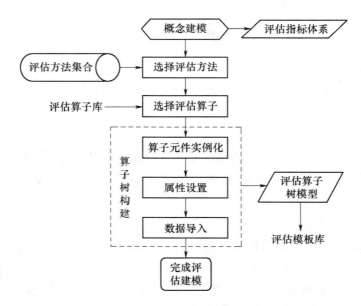

图4-5　基于评估算子的柔性评估建模基本流程图

由以上步骤,就建立了一个计算机可执行的评估模型。该模型以评估算子元件为建模单元,具备很好的灵活性和重用性,且具有与评估指标体系较高的

86

外观一致性,便于评估用户理解并按需调整评估方案,可以为武器装备效能评估提供有效支持工具。

4.3.3 建模工具需求

依据基于算子的柔性评估建模思想,基于算子的柔性评估建模环境应具备如下几个组成部分,如图4-6所示。

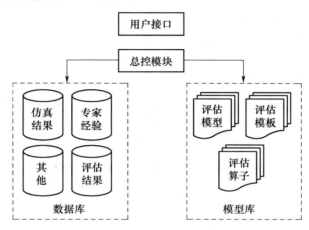

图4-6 柔性建模工具组成示意图

1. 模型库

模型库主要包括评估模型库、评估模板库和评估算子库。其中,评估模型库是针对具体武器装备效能评估的算子树模型集,可作为评估问题模式化的依据;评估模板库是针对不同武器装备效能评估问题模式的算子树模型集;评估算子库是多种评估方法算子化生成的算子元件集,支持评估模型和评估模板的构建,是评估建模的基础。

2. 数据库

数据库主要包括专家经验数据库、仿真结果数据库、其他战果统计数据库和评估结果数据库。为确保评估的科学性、合理性和完备性,算子树评估模型所加载的评估数据应充分体现评估信息来源的多维性,要有丰富的数据资源作支撑。通过数据库的维护与更新,可确保算子树模型的针对性和评估解算能力的不断提升。

3. 总控模块

总控模块主要包括数据库管理、模型库管理和评估引擎管理等,它是基于算子的作战效能评估得以正常运作的关键。

4. 用户接口

用户接口主要为军事专家、装备技术人员和评估技术人员等调整评估模型、修正评估数据、查看评估结果等操作提供技术接口。

第5章　基于算子的柔性评估
建模环境 FEMS

本章主要介绍一个支持算子集成和柔性评估建模的软件系统 FEMS,该系统是作者在多年科研实践和积累的基础上,自主开发的一个支持评估建模和分析的软件工具。FEMS 实现了对评估算子的有效集成,具备基于多种评估方法的柔性评估建模和评估解算能力,是柔性评估建模研究的成果展示平台和实践平台。

以下在简要概括系统的用途和主要特色的基础上,详细介绍系统扩展和升级的关键技术规范——算子开发规范;而后,从总体上概括分析系统的基本功能和组成结构;最后,以评估建模应用为出发点,介绍评估算子设计和集成方法,并对系统的推广和应用前景进行分析和展望。

5.1　FEMS 简介

FEMS(Flexible Evaluation Modeling System,柔性评估建模系统)是一个支持算子开发与集成,面向武器装备作战效能柔性评估而设计的开放和可扩展的软件平台。这里的算子有别于代数学上的"运算元"概念,是软件层次上,封装了一定操作的应用组件或功能模块,是建模的基本单元和有用工具。基于算子元件构建的评估模型是算子树形式的功能模型。由于算子树与评估指标体系的树状外形结构具备天然的一致性,算子树是评估建模的较好选择。概括起来,FEMS 具有如下特色:

(1) 出色的组件化设计。该系统是围绕算子的开发和集成设计和实现的,而算子元件具备良好的封装性和组装性,是系统组件化设计的工具基础,如图5 - 1所示。该系统采用层次化的算子呈现方法、菜单与工具栏相结合的算子编辑方法,以及基于 XML 文档格式的算子记录方法等,实现了对算子资源的组织和管理,使其具备了出色的组件化能力。

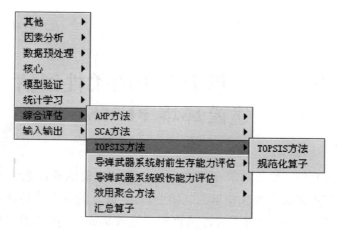

图 5 - 1　FEMS 算子集成能力示意图

（2）较好的扩展性和重用性。组件化的设计为系统的扩展和重用奠定了坚实的方法和工具基础。通过集成新算子和改进原有算子，可以有效提升系统的柔性建模能力。算子的通用化设计可以确保基于算子的模型的重用、重构和组合能力。例如，通过集成针对多种评估方法的评估算子，系统就具备了基于多种评估方法的评估建模和解算能力。通过评估算子的不断集成和升级，系统的柔性评估建模能力必然是不断提升和发展的。

（3）有效的数据管理和数据交换能力。系统采用基于 XML（Extensible Marku PLanguage，可扩展标记语言）进行模型文件存储和数据管理。XML 具有可扩展性、结构性强、易于处理、平台无关性、数据存储与数据显示相分离、链接能力强等特点。基于 XML 的数据管理和数据交换，不但能够有效满足系统自身建模和数据交换的需求，也为系统平台移植和与其他平台的对接联调奠定了技术基础。

（4）友好的用户界面。系统采用 Java 编程语言，采用面向对象的方法设计和实现，具备友好的图形化用户接口，方便了用户进行算子管理、算子树模型和模板管理、算子引擎、数据表现等操作和使用。

5.2　算子开发规范

5.2.1　算子设计规范

算子设计必须遵循一定的设计规范，这是确保所设计的算子具备可操作性和互操作性的关键。算子的设计一般需要考虑如下几项内容。

1. 算子的类型

算子包括原子算子和复合算子两类。设计算子时,首先要确定要设计的算子是复合算子类型,还是原子算子类型。其中,原子算子是不能包含其他算子,只能被复合算子所包含的算子;复合算子是能够包含一定数量的"孩子"算子的算子,当然,"孩子"算子可以是原子算子类型,也可以是复合算子类型。复合算子容纳算子的能力,使得构造层次化的算子树模型成为可能。

2. 接口数据类型

接口数据类型是算子间能否交互,及如何交换数据等设计时,必须要考虑的重要内容。在明确算子类型之后,要进行算子的接口设计,包括有哪些接口、输入和输出各有几个,各个接口的数据类型是什么等内容。接口数据类型可以是单个数据、数组或数据矩阵等。两个不同类型的数据接口是不能交换数据的,不具备相同数据类型的输入/输出接口的算子是不能进行互操作的,这就体现了发布订购这种数据交换和通信模式。所以,合理的算子接口设计是确保算子互操作性的关键。

3. 封装的操作

算子封装操作设计决定了算子具备的功能,即算子的能力。对于评估算子,其封装的操作应当是评估解算的相关算法,通过合理的评估过程分解和算法封装,可以初步确定一个算子结构体系,为算子设计奠定基础。例如,可以针对一个具体的评估解算方法,按照评估解算流程,将算法分解为若干子算法块,进而作为算法封装和算子设计的基本依据。

4. 可配置的属性

算子属性设计就是要考虑该算子可配置的属性,为用户提供操作接口,以保证算子使用时的灵活性。属性设置的依据是封装的算法,如针对指数函数的操作使用流程,可以设置一个接口,为用户提供配置相关属性的操作接口。此外,专家打分操作,可以设置专家分值录入接口,为打分运算提供输入数据。

来看一个算子设计的具体例子,即矩阵相乘算子的设计。该算子设计的基本过程如下:

(1)矩阵相乘算子的算子类型可以确定为原子算子类型;

(2)矩阵算子的输入和输出数据类型都可以确定为数据矩阵;

(3)矩阵相乘算子封装的操作为矩阵相乘,具备进行矩阵相乘运算的功能;

（4）确定矩阵算子的属性,可以是两个待相乘数据矩阵的加载接口,也可以不添加任何属性。

5.2.2 算子开发和集成

算子的开发采用 Java 编程语言在 JBuilder 环境下进行,开发时要考虑继承的基础类是什么,即＊.Class 文件,在此基础上,确定进行相关设计的函数接口,如算子封装的操作、算子的输入/输出数据类型的定义,以及算子属性设置操作界面的设计,都是通过在一定的函数里编写相应 Java 代码实现的。概括起来,算子的开发一般需要如下几个步骤:

（1）继承 Operator.Class 或 OperatorChain.Class。原子算子继承前者,复合算子继承后者。其中,Operator.Class 和 OperatorChain.Class 就是算子开发的基础类。

（2）用 apply( )函数定义算子封装的内部操作。apply( )函数是每个算子必须有的最重要的函数之一。

（3）用 getInputClasses( )函数和 getOutputClasses( )函数定义输入输出类。由此,算子成为一个封装一定操作,具有输入输出接口的功能组件。

（4）用 getParameterTypes( )函数定义算子参数。通过该步骤,可以为算子设置用户操作接口,使其具备更好的灵活性和可操作性。

（5）将设计好的算子打包成＊.jar 文件,放在 FEMS 系统编译目录下的 lib/plugins/目录下,并在 Operators.xml 文件中声明算子,如图 5-2 所示。

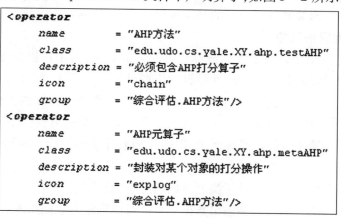

```
<operator
    name        = "AHP方法"
    class       = "edu.udo.cs.yale.XY.ahp.testAHP"
    description = "必须包含AHP打分算子"
    icon        = "chain"
    group       = "综合评估.AHP方法"/>
<operator
    name        = "AHP元算子"
    class       = "edu.udo.cs.yale.XY.ahp.metaAHP"
    description = "封装对某个对象的打分操作"
    icon        = "explog"
    group       = "综合评估.AHP方法"/>
```

图 5-2　AHP 算子声明示意图

经以上步骤,算子就集成在 FEMS 中,成为有用的评估建模单元。

下面以 AHP 元算子的开发与集成为例,说明算子开发和集成的基本过程。

开发指定算子时,首先要为其建立*.java 文件,并对该文件命名,将 AHP 元算子的设计文件命名为 metaAHP。如图 5 – 3 所示,该算子继承 Operator. Class,属原子算子,通过在图中基础函数中编写相应的代码,即可完成对该算子的程序设计。

图 5 – 3 算子文件结构图示例

在算子编译通过后,生成包含算子类的*.jar 文件,将其放在工程目录的 lib 子目录的 plugins 中,并在 Operators.xml 文件中声明该算子,如图 5 – 2 所示。该声明中,确定了算子的名称、所属 java 类、用途、显示图标和分类。由此,AHP 算子就集成在 FEMS 环境中了,如图 5 – 4 所示。

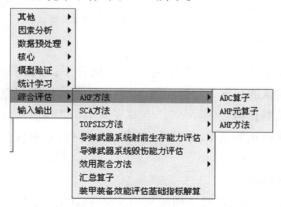

图 5 – 4 AHP 算子集成示意图

5.2.3 算子使用和管理

启动 FEMS 系统,如图 5 − 5 所示。

图 5 − 5 FEMS 启动界面

FEMS 建模操作的 tab 页面,包括算子树 tab 页、XML 文档 tab 页、决策模型 tab 页、结果 tab 页和项目管理 tab 页,如图 5 − 6 所示。

图 5 − 6 FEMS 算子使用管理 tab 页

1. 算子树 tab 页

在算子树 tab 页中,有一个类型为"实验"的算子,该算子是构建算子树所必需的算子,其默认的名称为目标问题,可根据需要对该算子重命名,如可重命名为"导弹武器装备作战效能评估"。在算子树 tab 页的活动区域,右键单击鼠标,可见算子管理的相关菜单,如图 5 − 7 所示。另外,菜单区、工具栏都有算子管理的相应区域。

2. XML 文档 tab 页

XML 文档 tab 页是对应算子树模型的 XML 描述文件,用户在该页的活动区域修改算子属性,也可实现对算子树模型的管理。

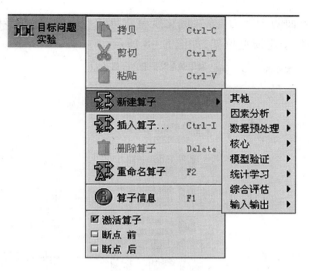

图 5 - 7　算子管理菜单

3. 决策模型 tab 页

决策模型 tab 页,可实现对算子树模型的直观表现,使得用户对多个算子间的层次关系一目了然。

4. 结果 tab 页

该页是评估和分析结果的表现页面,可以通过图形、表格等多维表现手法,实现对评估分析结果的直观表现,并提供了便捷的操作接口,可方便地导出表现图形和数据。

5. 项目管理 tab 页

项目管理 tab 页是管理算子树模型。用户通过调用算子树模型库中已有的模型,通过算子添加、删除、编辑等算子管理的有关操作,可实现算子树模型的快速重构。否则,通过调用恰当的算子元件,重新构建算子树模型。

以装甲装备防护能力评估为例,其算子树模型的构建过程如下:

(1)新建一个评估实验,将该算子重命名为"装甲装备防护能力评估"。

(2)右键选择"评估输入"算子元件,插入到"装甲装备防护能力评估"算子树,该算子负责导入评估所需的原始数据,如仿真统计数据。

(3)依据装甲装备防护能力评估指标体系,以及所选的评估方法,选择"TOP-SIS 方法"系列算子,即 TOPSIS 方法算子和规范化算子,作为评估建模单元。

(4)用"装甲装备防护能力"实例化 TOPSIS 方法算子,底层指标,如"正面防护能力"、"侧面防护能力"等实例化规范化算子,从而建立初步的装甲装备防护能力评估的算子树模型框架,如图5-8所示。

图5-8 算子树模型框架构建示例

（5）进行算子接口的相容性检验。FEMS 的算子管理模块负责检查算子间的接口关联是否合理,如图5-9所示,图中的对勾表示模型通过验证。如果算子间存在接口不相容的情况,即表明已构建的算子树是不合法的,系统会自动给出交互性的提示信息,直到用户做出正确的响应为止。自此,合法的算子树模型就建立起来了,可存储在系统的模型库中,供用户重用、编辑等。

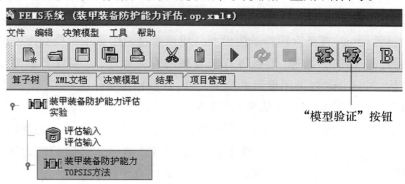

图5-9 算子接口相容性检验示例

（6）正确设置算子的属性,包括专家打分值的录入,评估原始数据的导入,

96

指标类型的选择等操作,如图 5 – 10 所示。

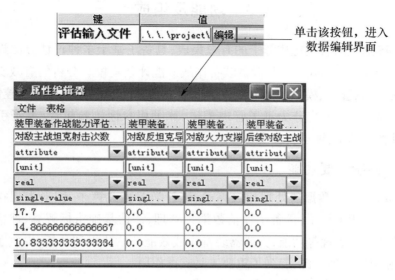

图 5 – 10　算子属性设置示例

（7）启动算子树模型执行引擎,如图 5 – 11 所示。查看评估解算结果,并进行结果处理,如图 5 – 12 所示。

图 5 – 11　启动模型运算引擎

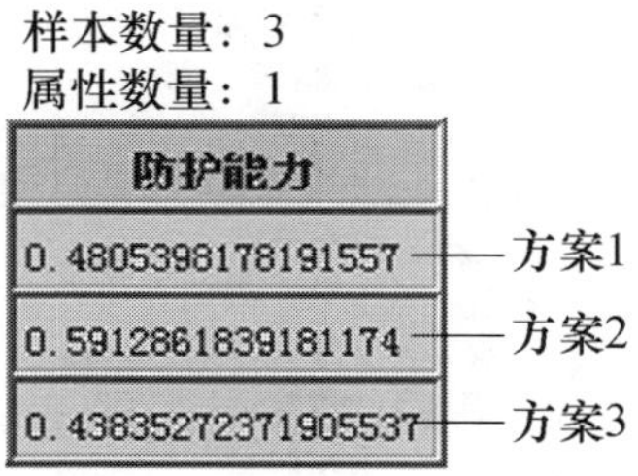

样本数量：3
属性数量：1

防护能力	
0.4805398178191557	方案1
0.5912861839181174	方案2
0.43835272371905537	方案3

图 5 – 12　算子树模型运算结果

5.3　功能及组成

FEMS 通过对各类应用算子的有效集成,具备了基于多种评估方法进行评估建模和评估解算的能力,是武器装备作战效能评估建模和分析的有效支撑工具。按照资源管理、模型控制和视图表现这种类 MVC(模型-视图-控制器)模式,可将 FEMS 系统分为算子管理模块、算子相容性检验模块、算子引擎模块、项目管理模块、算子表现模块等。

5.3.1　系统主要功能

FEMS 集成了数据预处理相关算子、统计学习相关算子、图形表现相关算子、综合评估相关算子,具备了评估数据预处理、评估基础指标解算、评估指标聚合、评估结果表现等功能,为武器装备作战效能评估建模和分析,提供了丰富的建模和图形表现资源,起到了重要工具支撑作用。

概括起来,从实用的角度考虑,系统有如下功能。

1. 评估原始数据预处理

系统集成了数据预处理相关算子,包括去除无用的属性、缺失值补充、噪声生成、样本过滤、特征产生等算子,如图 5-13 所示,为评估数据预处理操作提供了工具支持。

图 5-13　数据预处理类算子

2．评估模型验证

模型验证是建模的重要环节,评估模型的算法、接口等合理性验证,也是确保有效的评估建模的必要手段。系统集成了包括交叉验证、学习曲线验证、基于门限的验证等算子,如图 5 - 14 所示,涵盖了主要的模型验证方法,为评估模型验证提供了工具支持。

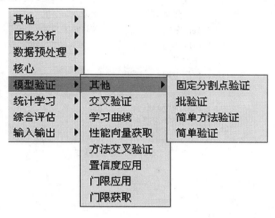

图 5 - 14　模型验证类算子

3．基于统计学习的评估基础指标解算

指标解算方法一般有统计学习和统计计算两种,统计学习以其解决小样本学习的优势,成为评估基础指标解算的重要手段。系统集成了支持向量机(SVM)相关算子、数据分类相关算子、贝叶斯学习等统计学习算子,如图 5 - 15所示,涵盖了主要的机器学习方法,为评估基础指标解算提供了工具支持。

4．评估聚合模型的构建

系统集成了效用函数评估算子类、TOPSIS 评估算子类、模糊层次分析法算子类等算子,形成了支持武器装备作战效能评估建模的丰富的算子资源库,如图 5 - 16 所示。其中,效用函数评估算子类,可支持基于效用函数评估方法的武器装备效能评估建模和解算;TOPSIS 评估算子类,可支持基于 TOPSIS 评估方法的武器装备效能评估建模和解算;模糊层次分析法算子类,可支持基于模糊层次分析法的武器装备效能评估建模和解算。

1）基于效用评估算子的评估建模

效用聚合方法算子类包括乘积算子、加权求和算子和效用函数算子,如图5 - 17所示。其中,效用函数算子用来支持评估指标体系底层指标的解算,乘积

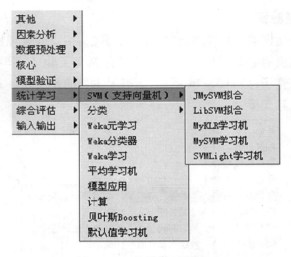

图 5 – 15　统计学习类算子

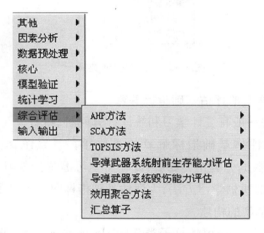

图 5 – 16　综合评估类算子

算子用来支持上层指标的聚合评估,加权求和算子用来支持顶层指标的聚合评估评估,完成用户最关心的指标,即武器装备作战效能的评估解算。基于效用函数类算子的武器装备作战效能评估建模过程如下:

　　(1)针对一个武器装备效能评估指标体系,将底层指标实例化为效用函数算子元件;

　　(2)进行上层指标效用值的求解,可以根据需要选择恰当的效用聚合方法,如乘积聚合法及加权求和聚合法,前者由下层指标的效用值相乘得到该层

100

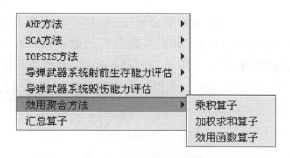

图 5 - 17　效用函数算子类

指标的效用值,后者将下层指标的效用值加权求和,得到该层指标的效用值,并将对应指标实例化为乘积算子元件或加权求和算子元件;

（3）指标向算子元件的映射完毕意味着算子树评估模型已经建立,就需要正确设置算子属性,如选用正确的效用函数、做出合理的专家评价等;

（4）进行模型相容性和合理性检验,通过检验后,运行算子树模型,就可以得到基于效用函数方法的武器装备的效能评估结果,完成评估解算过程。

基于效用聚合方法的装甲装备作战效能的评估建模如图 5 - 18 所示。

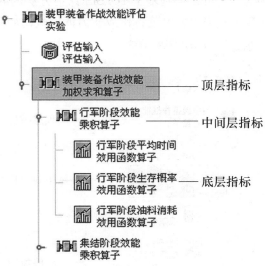

图 5 - 18　基于效用聚合类算子的评估建模

2）基于 TOPSIS 评估算子的评估建模

TOPSIS 方法算子类包括 TOPSIS 方法算子、规范化算子和汇总算子,如图 5 - 19所示。其中,规范化算子用来支持评估指标体系的底层指标的解算,TOP-

SIS 方法算子用来支持上层指标的聚合评估,汇总算子用来支持顶层指标的综合评估,完成用户最关心的指标,即武器装备作战效能的评估解算。如果采用 TOPSIS 评估方法,则指标体系一般不得超过三层,否则该类算子是不能胜任的。以下为基于 TOPSIS 方法算子类的武器装备作战效能评估建模过程。

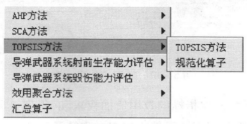

图 5 - 19   TOPSIS 方法算子类

　　针对一个武器装备效能评估指标体系,将底层指标实例化为规范化算子元件、第二层指标实例化为 TOPSIS 方法算子元件,顶层指标实例化为汇总算子。评估指标向算子元件的映射过程的完成,意味着算子树评估模型已经建立,正确设置算子属性,如设置正确的指标类型,加载专家经验数据或仿真数据等。最后,运行算子树模型,就可以得到基于 TOPSIS 评估方法的武器装备效能评估结果了 。基于 TOPSIS 方法的装甲装备作战能力评估建模如图 5 - 20 所示。

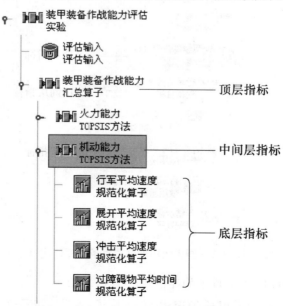

图 5 - 20   基于 TOPSIS 类算子的评估建模

3）基于 AHP 评估算子的评估建模

AHP 方法算子类包括 AHP 元算子和 AHP 方法算子,如图 5 - 21 所示。其中,AHP 元算子用来支持评估指标体系底层指标的解算,AHP 方法算子用来支持上层指标和顶层指标的聚合评估,完成用户最关心的指标,即武器装备作战效能的评估解算。基于 AHP 方法算子类的武器装备作战效能评估建模过程如下:

（1）进行评估指标体系到算子树模型的映射,就是针对一个武器装备效能评估指标体系,将底层指标实例化为 AHP 元算子元件,其他指标实例化为 AHP 算子元件,指标向算子元件的映射过程的实现,意味着算子树评估模型的基本框架已经建立;

（2）正确设置算子属性,如专家打分赋值、指标评价类型设定（如定性评价或定量评价）、算子位置属性设定（如是否等层指标）等;

（3）在确定模型的逻辑和接口关系无误后,启动算子运算引擎,就可以得到基于模糊 AHP 评估方法的武器装备的效能评估结果了。

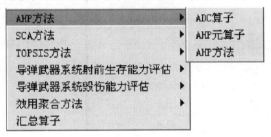

图 5 - 21　AHP 方法算子类

5.3.2　系统组成结构

FEMS 包括算子管理模块、相容性检验模块、算子引擎模块、项目管理模块、结果表现模块等,其组成结构如图 5 - 22 所示。

1. 算子管理模块

算子管理模块主要负责进行算子的分组、属性接口的呈现、算子信息提示等,如图 5 - 23 所示。系统通过读取一个名为 operators 的 XML 文件,获取算子的名称、类名、描述和类别等信息。再调用 plugins 文件夹中的相关*. jar 文件,即可实现算子在系统环境下的集成和使用。算子的正常加载是建模的起点,所以把该模块归为基础层。

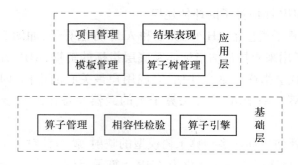

图 5 - 22　FEMS 系统组成结构

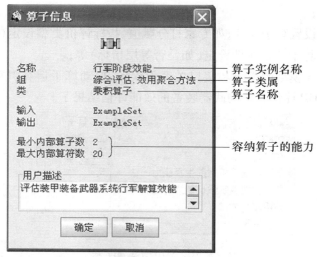

图 5 - 23　算子信息管理界面

2．相容性检验模块

相容性检验模块负责进行算子间的接口相容性检验,以及算子本身的合法性检验。例如,算子属性接口的使用是否正常,相关的文件加载是否能正常进行,若无法正常操作,则给出交互性的提示信息,供算子开发人员或评估建模人员参考。模型验证时输出有关提示信息,如图 5 - 24 所示。

3．算子引擎模块

算子引擎模块负责驱动算子间的数据交换,以及各个算子封装操作的实施,并将运算结果交给结果表现模块,可视化地呈现给用户。

4．算子树管理模块

算子树管理模块负责进行算子树模型的编辑、验证、调度等。针对为某应用

104

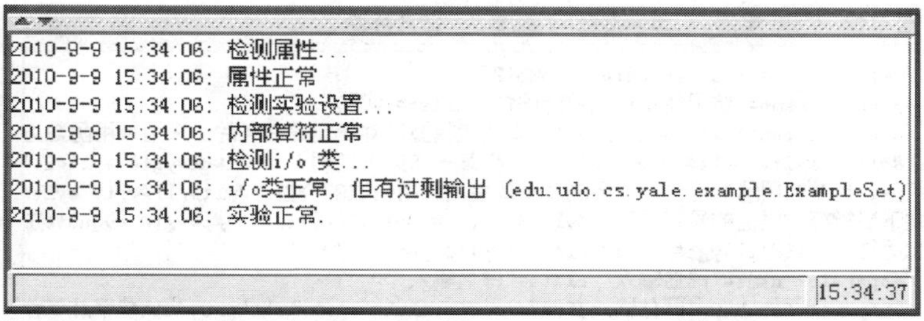

2010-9-9 15:34:06: 检测属性...
2010-9-9 15:34:06: 属性正常
2010-9-9 15:34:06: 检测实验设置...
2010-9-9 15:34:06: 内部算符正常
2010-9-9 15:34:06: 检测i/o类...
2010-9-9 15:34:06: i/o类正常,但有过剩输出 (edu.udo.cs.yale.example.ExampleSet)
2010-9-9 15:34:06: 实验正常.

15:34:37

图 5-24　模型验证输出信息

问题定制的算子树模型,算子树管理包括算子树模型验证、算子树编辑以及算子树模型调度等。模型验证是指算子间的数据接口的相容性检验,用以保证模型的有效性;算子树编辑是指算子树中算子的替换、添加、删除等操作;模型调度是指算子树模型的使用。另外,对于系统的算子树模型 XML 文档的呈现和编辑接口,评估建模人员对算子树的编辑提供了另一个途径,增加了算子树模型的可操作性。以装甲装备武器系统作战效能评估为例,其算子树模型管理主界面、算子树XML 文档查看和编辑视图、算子树层次结构视图如图 5-25 ～图 5-27 所示。

图 5-25　算子树管理主界面视图

105

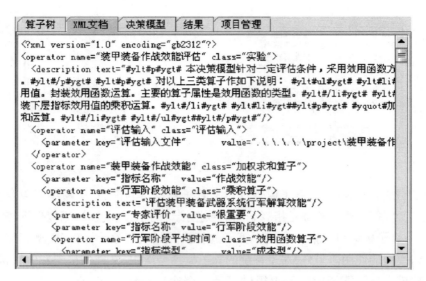

图 5-26　算子树模型文档

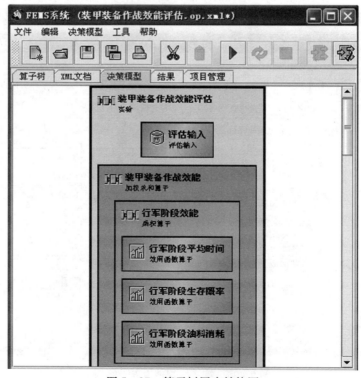

图 5-27　算子树层次结构图

106

5. 模板管理

模板管理的对象是基于算子树模型构建的模板库。模板库为模型重用提供了模型资源,为用户提高建模效率提供了方便。模板管理的内容主要包括模板的集成、模板的呈现、模板的调度。模板的集成是通过对已有的算子树模型的存储操作,将其保存在模板文件存储目录下,模板管理模块读取相应文件;模板的呈现是将模板的名称、用途、操作规范等呈现给用户,供用户选择模板时参考;模板的调度就是将模板文件转换为算子树文件,存储在算子树模型目录下,供算子树管理模块进行相关操作。模板管理界面如图 5-28 所示。

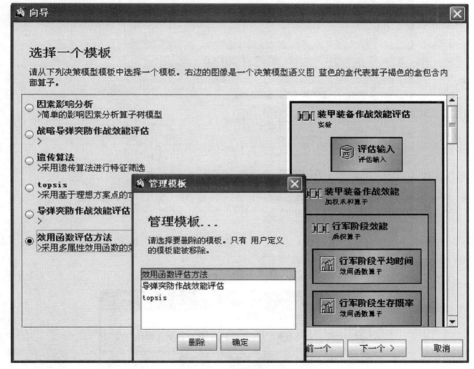

图 5-28　模板管理界面

6. 结果表现

结果表现模块负责进行算子运算结果的可视化呈现,包括图、表和曲线等表现方式,如图 5-29 所示。

7. 项目管理

该模块主要负责对模型文件的调度操作以及对算子树模型资源的有效呈现,如图 5-30 所示。

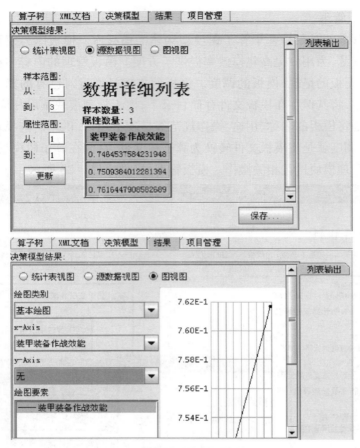

图 5-29 算子树模型执行结果视图

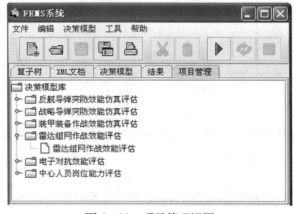

图 5-30 项目管理视图

5.4　柔性评估建模能力

FEMS 对算子组件的有效集成,使其具备了基于算子的柔性建模能力,可作为柔性评估建模的重要支撑工具。提升系统柔性评估建模能力的关键是评估算子的有效设计和集成,有了平台和技术支撑,才能确保柔性评估建模作为一种新的评估建模理念,深入到武器装备作战效能评估领域。在推广和应用的过程中,推动基于算子的柔性评估建模技术的不断发展。

5.4.1　评估算子设计

评估算子就是以一定评估方法为基础,依据评估方法的相关算法和操作流程,通过算法封装和数据交换设计,确定的基于该评估方法的评估求解单元。例如,可设计针对效用函数方法、TOPSIS 方法等评估算法。

评估算子设计,就是依据一定评估方法和该评估方法的应用模式,抽象出一系列功能单元,设计相应的评估算子,生成针对该评估方法的算子集,支持基于该方法的评估建模。

定义:样本是设置了若干属性的属性值的一组数据,若干样本组成样本数组。如若干评估基础指标及这些指标的取值就构成一个样本,多组取值就构成多个样本。

1. TOPSIS 方法算子化

按照 TOPSIS 评估方法的算法流程及应用模式,可以设计两个 TOPSIS 评估算子元件,即 TOPSIS 方法和规范化算子。

1）TOPSIS 方法

（1）该算子为复合算子类型,即可容纳其他算子的算子,该类算子对应算子树的上层算子节点。

（2）算子输入为下层算子输出的下层指标评估值,数据类型为样本数组,通过下层算子的属性接口,可将专家经验和其他数据导入算子树模型。

（3）算子输出为指标评估值,例如,采用 TOPSIS 方法评估装甲装备作战能力,将 TOPSIS 算子实例化为火力能力算子,则该算子输出为火力能力的评估解算值,是一个无量纲的 0 ~ 1 的数。

（4）算子封装的算法为 TOPSIS 方法中除评估矩阵规范化的全部操作,见式(3 - 5) ~ 式(3 - 7)。

（5）算子属性包括从文件读取权重和权重文件，如勾选从文件读取权重选项，则需要通过权重文件属性导入权重文件，读取权重数据，否则通过下层算子自动解算权重值。属性设置界面如图 5-31 所示。

图 5-31　TOPSIS 算子属性设计界面

2）规范化算子

该算子为原子算子类型，即不能被其他算子所容纳的算子，对应算子树的底层算子节点。

算子输入数据类型为样本数组的评估源数据，其中，评估源数据是评估解算的数据基础，可包括仿真数据、专家经验数据和实验数据等多维评估信息。对于基于仿真的评估解算，该算子输入为基于仿真模型的仿真解算输出数据。

算子输出对应评估指标的规范化值，或者说是对对应指标的评估值，例如，在装甲装备作战能力评估时，我们将规范化算子实例化为装甲装备作战能力评估指标体系的最下层指标，如对敌坦克射击次数算子，其输出就是基于 TOPSIS 的对敌坦克射击次数的规范化值，或者说评估值，它是 0～1 的无量纲的值，是进一步进行评估聚合的基础。

算子封装 TOPSIS 方法中对初始评估矩阵的规范化操作，以及 AHP 打分算法，见式（3-1）～式（3-4），其中，初始评估矩阵就是针对底层指标的多次仿真的统计结果值形成的数据矩阵，规范化操作的目的就是将该矩阵转化为 0～1 的无量纲值的数据矩阵。

算子属性包括最满意值、指标类型和专家评价，对应三个属性设置接口，其中，最满意值属性设置接口是为适中型指标规范化操作提供的数据录入接口；指标类型提供了指标类型选择的属性设置接口，包括 效益型、成本型或适中型三种指标类型，不同指标类型对应不同规范化的算法，具体算法见第 3 章评估聚合方法；专家评价属性设置接口，为专家评估该算子对应指标相对上层指标的重要性提供接口，这里的 AHP 打分采用 9 标度法的无需一致性检验的改进算法 。属性设置界面如图 5-32 所示。

2．效用函数方法算子化

效用函数方法的基本工作流程：评估源数据导入，基于效用函数的评估基

键	值	
最满意值	0.5	
指标类型	效益型	▾
专家评价	不重要～稍重要	▾
	不重要～稍重要	
	稍重要	
	稍重要～较重要	
	较重要	
	较重要～很重要	
	很重要	
	很重要～最重要	
	最重要	

图 5 – 32 规范化算子属性设计界面

础指标解算,最后通过评估聚合得到上层评估指标解算值,如图 5 – 33 所示。

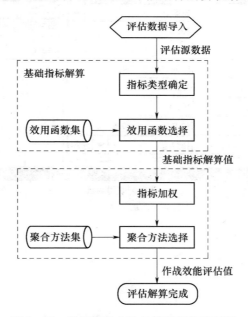

图 5 – 33 效用函数方法的使用操作流程图

按照以上效用函数评估方法的使用流程,可以设计三个效用函数评估算子元件,即效用函数算子、乘积算子和加权求和算子。

1)效用函数算子

该算子为原子算子类型,用评估指标体系的底层指标实例化,即对应评估模型的底层指标解算的工具单元。

　　该算子输入评估源数据,数据类型为样本数组。对于基于仿真的评估解算,该评估源数据就是针对多个评估基础指标的多次仿真形成的数据阵列。总之,该算子的输入类似于前面介绍的规范化算子。

　　该算子输出对应指标的效用值,作为该基础指标的评估解算值,为评估聚合奠定数据基础。针对多个指标的多个评估方案输出的数据矩阵,同样是样本数组数据类型,作为上层解算单元,即上层算子进一步评估解算的输入。该算子封装不同指标类型对应的多种效用函数,见式(3-8)~式(3-12)。将基础指标的统计值转化为无量纲的0~1的值,完成评估基础指标的解算,对应图5-34中的指标类型确定、效用函数选择,以及基础指标值解算等操作。

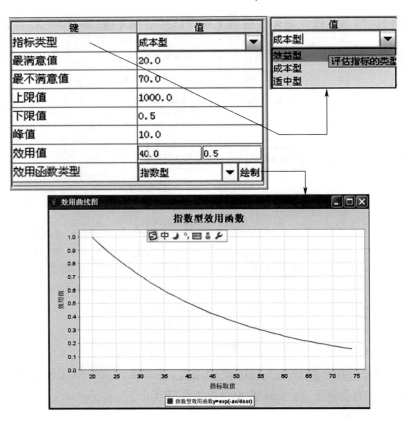

图5-34　效用函数算子属性设置界面

112

该算子设计了"指标类型"、"最满意值"、"最不满意值"、"上限值"、"下限值"、"效用函数类型"等属性,如图 5-34 所示。其中,通过指标类型接口确定指标类型,通过效用函数类型选择效用函数,其他属性都是根据不同效用函数的需要设计的。用户可通过对比效用函数对应的曲线,选取恰当的效用函数。

2)乘积算子

(1)算子类型:该算子为复合算子类型,其容纳的对象就是对应下层指标的效用函数算子。

(2)算子输入:输入样本数据类型的评估基础指标解算数据,是针对多个基础指标的多个评估方法的评估基础指标数据矩阵。

(3)算子输出:输出对应指标的效用值。例如,将该算子实例化为装甲装备行军阶段效能,那么,算子即输出行军阶段效能的效用值,作为对该指标的评估解算值。

(4)封装操作:封装下层指标效用值的乘积运算,见式(3-13)。

(5)属性设置:该算子包括"专家评价"一个属性,为专家打分提供一个操作接口,用来确定算子对应的评估指标相对上层指标的权重,如图 5-35 所示。

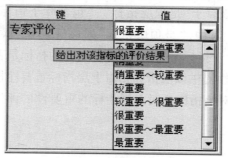

图 5-35　乘积算子属性设置界面

3)加权求和算子

(1)算子类型:该算子为复合算子类型,其容纳的对象是乘积算子类型。

(2)算子输入:该算子输入下层评估指标解算数据,为样本数组类型,表现为针对多个指标和多个评估方案的数据矩阵。

(3)算子输出:该算子输出对应指标的效用值,作为对该指标的评估值。

(4)封装操作:该算子加权求和算法,求取下层指标的加权和值,作为对应指标的评估解算值,实现对该指标的评估聚合,见式(3-14)。

(5)属性设置:该算子包括"从文件读取权重"和"权重文件"两个属性,属性设置界面同前面介绍的 TOPSIS 算子。

3．模糊层次分析法算子化

依据模糊 AHP 评估方法的运用流程，可以设计两个 AHP 评估算子元件，即 AHP 方法算子和 AHP 元算子。

1）AHP 方法

（1）算子类型：复合算子，容纳的对象是 AHP 元算子。该算子对应评估指标体系除"叶子"指标（底层指标）外的所有指标。

（2）输入数据类型：样本数组。AHP 评估的输入数据是评估源数据（针对定量指标的参考值）转化而来的样本数组。样本属性是评估基础指标，即评估指标体系的低层指标。

（3）输出数据类型：样本数组。AHP 评估的输出数据是"叶子"指标相对对应指标（上层某指标）的权重值，以及对应指标的 AHP 评估值转化而来的数据矩阵。

（4）封装操作：封装 AHP 的综合方法以及 AHP 加权方法，实现对对应指标的评估聚合运用，见式(3-16)~式(3-24)。

（5）算子属性：该算子"是顶层指标"、"包含叶子指标"、"指标权重"以及"专家评价"等属性。其中，"是顶层指标"属性确定算子对应的指标是否为顶层评估指标；"包含叶子指标"属性确定算子对应的指标是否为倒数第二层评估指标；"指标权重"属性提供该层指标相对上层指标重要性权重的输入接口；"专家评价"属性是专家对该指标相对上层指标的重要性的评价接口。属性设置界面如图6-36所示。

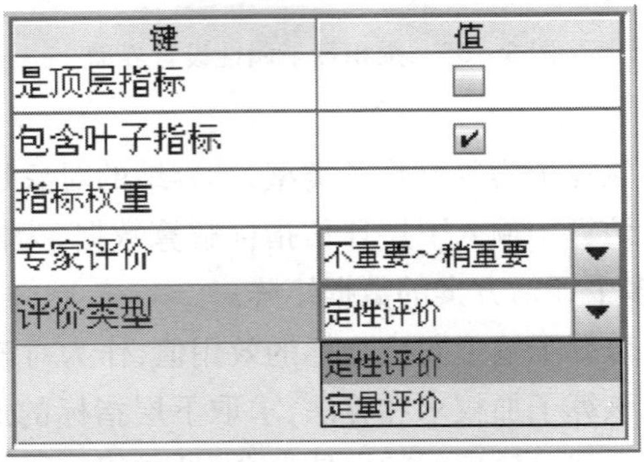

键	值
是顶层指标	☐
包含叶子指标	☑
指标权重	
专家评价	不重要~稍重要 ▼
评价类型	定性评价 ▼
	定性评价
	定量评价

图 5-36　AHP 方法算子的属性设置界面

2）AHP 元算子

（1）算子类型：原子算子，对应评估指标体系的底层指标。

（2）输入数据类型：样本数组。评估源数据转化而来的样本数组。

（3）输出数据类型：样本数组。AHP 打分值转化而来的样本数组。

（4）封装操作：对评估指标的 AHP 打分操作，见式（3 – 25）~ 式（3 – 29）。

（5）算子属性：包括评估用户"专家评价"属性，含义同 AHP 方法算子；"评价类型"属性，用来确定隶属度求解的方法，如定量方法或定性方法；"指标类型"属性，定量确定指标隶属度时需要设置；"指标评判集"和"专家打分"两个属性，分别确定评判集合和提供专家评价的接口；"理想最大值"和"理想最小值"属性，当采用定量评估时需设置。属性设置界面如图 5 – 37 所示。

图 5 – 37　AHP 元算子的属性设置界面

注：以上两个算子的设计是基于改进的 AHP 方法，AHP 打分采用 9 标度法。由于算子的可扩展性，AHP 评估可以在应用中不断完善，以满足不同评估用户的需求。

5.4.2　评估算子集成

评估算子集成的基本过程如下：

（1）将程序代码无误、逻辑合理并通过编译和设计完成的算子文件打包，命名为"eval"，生成＊. jar 文件，将该文件放在 FEMS 的插件目录下，如图 5 – 38 所示。

（2）编辑所要集成的插件的相关信息，包括插件名称、用途、开发时间、修改时间，以及其中包含的算子等信息。

图 5 - 38　插件文件存储

（3）在 operators. xml 中注册插件信息，如图 5 - 39 所示。

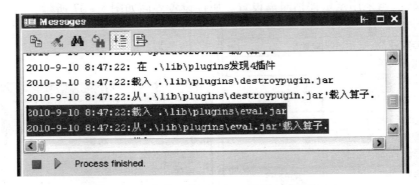

图 5 - 39　评估算子插件成功加载提示信息

（4）在 Jbuilder 中进行编译，查看插件是否能够正常加载，如得到图 5 - 39 所示的输出信息，则表明评估算子已经集成到 FEMS 中了。

（5）插件成功加载后，FEMS 具备了基于评估算子的柔性建模能力，如图 5 - 1 所示。系统的算子管理模块提供了插件信息查看的功能，如图 5 - 40 所示。

5.4.3　推广和应用前景

目前，FEMS 集成了几种常用评估方法，包括效用函数方法、TOPSIS 方法及 AHP 方法的评估算子元件，具备了基于以上方法进行柔性评估建模的能力。另外，FEMS 以其出色的开放性和扩展性，通过针对不同评估应用问题开发有用的评估算子，在评估算子的不断集成过程中，系统的柔性评估建模能力将得到不断提升。概括起来，FEMS 的推广应用领域如下：

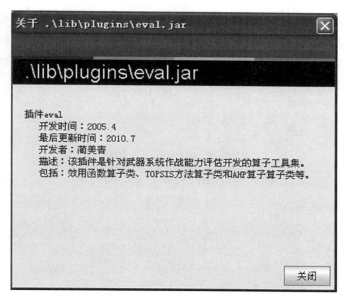

图 5-40　评估算子插件信息图

（1）面向武器装备论证的作战效能评估支撑系统的开发。利用 FEMS 集成的评估算子形式的建模工具，针对各类武器装备论证时的作战效能评估问题，建立基于算子的以论证决策支持为目的的作战效能评估系统，这对我军装备论证实验室的跨越式发展有重要意义。

（2）面向武器装备战术战法研究的评估支撑系统的开发。利用 FEMS 集成的评估算子，或以 FEMS 为系统框架，开发新的评估算子，建立面向各类武器装备战术战法研究的作战效能评估系统，不但为武器装备战术战法研究提供了决策支持工具，也为武器装备作战仿真系统的仿真评估能力的提升奠定了基础。

（3）面向武器装备操作使用训练的评估支撑系统的开发。武器装备的操作使用训练是部队日常训练的重要内容，而作战效能评估系统是衡量训练效果好坏的重要途径。基于算子建立武器装备作战效能评估模型具有很好的扩展性、重用性和开放性。以 FEMS 为平台，构建面向各类武器装备操作训练的作战效能评估系统，对于提升部队训练模式和方法的革新有重要意义。

总之，FEMS 是一个集成了丰富的算子资源的柔性评估建模支撑平台，以其为基础，可开发针对各种应用问题，包括装备论证支持、装备操作演练等，构建基于算子的可扩展、可重用的柔性评估模型，进而形成针对不同应用的作战效能评估系统。这些系统既可以独立使用,也可以作为重要功能模块接入仿真系统,实现与武器装备半实物和全数字仿真系统对接,作为重要的论证和训练支撑平台推广应用。同时,FEMS 在不断推广和应用过程中,其柔性评估建模能力也将得到不断提升。

第6章 基于算子的柔性评估建模应用

随着武器装备的日益复杂化,武器装备作战效能评估问题的复杂程度也不断提升,表现为评估需求的多样性和多变性,这就推动了柔性评估建模理论的形成。正是在武器装备作战效能评估的不断实践过程中,柔性评估建模从理论走向应用,形成了基于算子的柔性评估建模方法,对评估建模实践起到了重大的推动作用。

第5章介绍的FEMS,作为一个开放和可扩展的柔性评估建模和分析平台,经历了不断的评估建模实践的考验,正逐步走向成熟。柔性评估建模方法是FEMS的方法论基础,本章主要介绍该方法在导弹武器装备、装甲装备武器系统、航空武器装备、战略预警相关的武器系统作战效能评估等领域的应用。

6.1 导弹武器装备突防作战效能评估

体系对抗条件下的导弹突防作战效能评估是一个复杂的问题求解过程。基于算子树的问题求解方法,就是将目标问题映射为层次化的问题求解树,进一步映射为层次化的算子树,通过算子间的数据交互求解目标问题。这种从目标问题到问题表示进而到问题求解的两次映射,便于用户理解问题并调整问题求解方案,是解决复杂问题求解的一种有效途径。将基于算子树的问题求解方法应用于导弹突防作战效能评估,在FEMS环境下建立导弹突防作战效能算子树评估模型,进行导弹突防作战效能的仿真评估,是柔性评估建模方法的一次重要应用,实现了对该方法有效性的验证和检验。

6.1.1 评估过程模式

导弹突防作战过程中,导弹武器系统与其他系统,如预警系统、探测系统、作战管理系统等相互作用、相互关联,体现了"体系对抗"特征,给导弹突防作战效能评估带来了挑战。导弹武器装备实际作战效能不仅取决于自身的作战潜能，而且受己方探测系统与指控系统效能的约束，并且在很大程度上反映在与防御方的探测系统、指控系统与武器系统组成的敌对战场力量体系的对抗效能上。所以，导弹突防作战效能评估是一个复杂的问题求解过程。

如前所述，软件层次上的算子是封装了一定操作的应用组件，算子间通过数据接口关系形成算子树，对应为目标应用问题的问题求解模型。目标归约过程将一个目标问题分解为若干更简单的子目标问题，子目标问题继续分解，直到不能分解为止。因此，基于算子树的问题求解方法的基本思想如下：

（1）对目标问题实施目标归约过程，生成层次化的问题求解树，实现目标问题到问题表示的映射；

（2）将问题求解树的每个问题节点对应为一个算子，生成层次化的算子树，实现问题表示到问题求解的映射；

（3）通过算子间的数据交互求解目标问题。

以上方法体现了目标问题到问题表示进而到问题求解的两次映射，便于用户理解问题并调整问题求解方案，是解决复杂问题求解的一种有效途径。该方法的基本思想对导弹武器装备作战效能评估的求解是一个重要启示。

将基于算子的柔性评估建模方法应用于导弹武器装备作战效能评估，结合以上基于算子树的问题求解思路，就形成了基于算子树的导弹突防作战效能评估过程模式，其基本操作步骤如下：

（1）评估问题到评估问题表达的映射。将导弹突防作战效能评估问题映射为层次化的导弹突防作战效能问题求解树，完成评估指标体系的拟定。

（2）评估算子设计。就是在以上问题分解的基础上，针对每个子问题设计或选择对应的算子，实现子问题表达到子问题解决方案的映射，完成评估解算方案的设计。

（3）评估目标问题表达到评估解决方案的映射。通过算子的实例化、属性设置等操作，将拟定评估指标体系映射为层次化的突防作战效能评估算子树，完成评估模型的构建。

（4）评估解算。通过算子间的数据交互进行导弹突防作战效能评估解算，得到导弹突防作战效能的评估结果值。

该过程模式的突出优势：评估算子树、评估问题表示和评估问题间的映射关系，以及评估算子树与评估指标的较好的外观一致性，便于评估用户对评估问题与评估问题求解方案的理解，以及对评估方案的灵活调整，一定程度上满足了"柔性"的评估需求。

6.1.2　评估指标体系

导弹突防作战效能评估问题求解过程的目标问题是导弹突防效能(导弹突防概率),对目标问题实施目标归约过程,得到评估问题求解树,将该问题求解树的每个问题节点对应为一个评估指标,即可完成导弹突防作战效能评估指标体系的拟定。概括起来,导弹武器装备突防作战效能评估指标体系拟定的具体过程如下:

(1)目标问题分解或转化。导弹突防效能取决于导弹防御系统的拦截能力,可将导弹突防效能评估问题转化为导弹防御系统拦截能力评估问题。

(2)导弹防御系统防御能力评估问题分解。导弹防御系统的拦截过程要经过感知、决策及拦截三个重要环节,三个环节具有时序关系。也就是说,感知、决策与拦截是依次进行的,导弹的成功拦截以正确感知和正确决策为前提。问题节点的关系在算子设计时体现。

(3)防御能力评估子问题进一步分解。感知环节也不是一步到位的简单过程,需要经过预警、探测和识别三个重要环节,三个环节同样具有时序关系。以此类推,决策环节和拦截环节也可以进一步分解为更具体的子环节。这样一来,导弹突防作战效能评估问题就分解成一系列评估子问题,每个子问题不是独立的,而是通过因果关系链密切相关,从而生成一个层次化的评估问题求解树,通过求解原子评估问题(不能再分解的评估子问题),依据子问题间的因果传递关系,可得到导弹突防作战效能的解。

(4)评估指标体系构建。就是将问题求解树的问题节点对应为评估节点,生成导弹武器装备突防作战效能评估指标体系,如图6-1所示。

6.1.3　评估解算方法

导弹突防作战效能评估解算包括如下数据交互:

(1)导弹突防作战效能取决于导弹防御系统的拦截能力,可以通过对导弹防御系统拦截能力的求解,得到导弹突防作战效能的解。导弹突防效能与其防御系统防御能力的数据关系为

$$p + p_1 = 1 \qquad\qquad (6-1)$$

式中:p——导弹的突防概率;

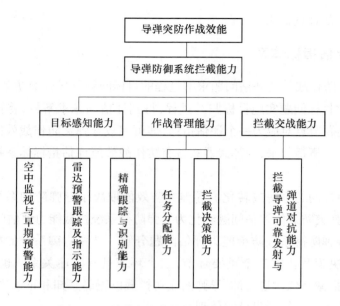

图 6-1　导弹突防作战效能评估指标体系

p_1——导弹防御系统的拦截概率。

（2）导弹防御系统拦截概率取决于对弹头识别概率和对弹头的拦截概率，三者的数据关系为

$$p_1 = p_b \cdot p_s + (1 - p_s \cdot p_{b_1}) \qquad (6-2)$$

式中：p_s——对弹头的识别概率；

p_b——弹头正确识别情况下的拦截概率；

p_{b_1}——对弹头未识别情况下的拦截概率，这里简化为0。

（3）对弹头的拦截概率取决于拦截决策，数据关系为

$$p_b = \sum_{i=1}^{m} p_{d_i} \cdot p_{b_{1i}} \qquad (6-3)$$

式中：m——可能的拦截决策数量；

p_{d_i}——做出第 i 种决策的可能性；

$p_{b_{1i}}$——第 i 种决策对弹头的拦截概率。

（4）若干拦截弹拦截弹头，只有全部拦截弹未被弹头突防，才能成功拦截弹头。不同拦截决策下，对弹头拦截概率取决于弹头对每个拦截弹的突防概率，数据关系为

$$\begin{cases} p_{c_i} = p_{b_{1i}} \cdot p_{b_{2i}} \cdot p_{b_{3i}} \\ p_{b_{1q}} = 1 - \prod_{k=1}^{n_{1q}} (1 - p_{c_k}) \end{cases} \qquad (6-4)$$

式中：n_{1_q}——第 q 种决策对弹头发射的拦截弹数量；

$\quad p_{c_i}$——第 i 发拦截弹的拦截概率；

$\quad p_{b_{1i}}$——第 i 发拦截弹的可靠发射概率；

$\quad p_{b_{2i}}$——第 i 发拦截弹的中末交班概率；

$\quad p_{b_{3i}}$——第 i 发拦截弹的单发毁伤概率。

6.1.4 评估模型构建

对于基于算子树的导弹突防作战效能评估过程模式，评估问题求解的关键是评估算子的选择或设计。建立导弹突防作战效能评估算子树模型时，评估算子是建模单元，也是建模基础，算子结构关系是建模依据，也是建模关键。

1. 突防效能评估算子设计

依据突防作战效能评估指标体系，设计导弹突防作战评估系列算子，包括导弹突防作战效能算子、导弹防御系统拦截能力算子、目标感知能力算子、战场管理能力算子、拦截交战能力算子、空中监视与早期预警能力算子、雷达预警跟踪及指示能力算子、精确跟踪识别能力算子、任务分配能力算子、拦截决策能力算子、可靠发射能力及拦截对抗能力算子等，如图 6-2 所示。

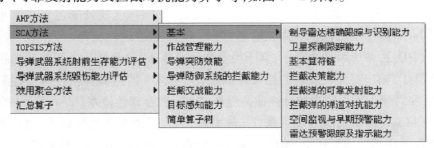

图 6-2 导弹突防效能评估相关算子

以上算子的设计方法如下：

（1）导弹突防作战效能算子：算子类型为复合算子，包含导弹防御系统拦截能力算子，输出导弹突防概率 p，封装算式(6-1)。

（2）导弹防御系统拦截能力算子:包含目标感知能力算子、战场管理能力算子和拦截交战能力算子,输出导弹拦截概率 p_1,封装算式(6-2)~式(6-4)。

（3）目标感知能力算子:算子类型为复合算子,包含空中监视与早期预警能力算子、雷达跟踪及指示能力算子和精确跟踪能力算子,输出对弹头的识别概率 p_s、识别为弹头的数量 a_6、稳定跟踪弹头的时刻 a_7。

（4）战场管理能力算子:算子类型为复合算子,包含任务分配能力算子和拦截交战能力算子,输出发射的拦截弹数量 n_1、对弹头的估计剩余拦截时间 b_2 和对弹头的估计拦截高度 b_3,对 a_6 和 a_7 做合理性检查。

（5）拦截交战能力算子:算子类型为复合算子,包含可靠发射能力及拦截对抗能力算子,输出导弹拦截概率 p_1,对 b_2 和 b_3 做合理性检查。

（6）空中监视与早期预警能力算子:算子类型为复合算子,包含统计学习算子和指标预测算子(FEMS 中已有),输出预警时间 a_1 及预警卫星网对雷达的指示误差 a_2。

（7）雷达预警跟踪及指示能力算子:算子类型为复合算子,包含统计学习算子和指标预测算子,输出预警时刻 a_3、预警雷达网探测跟踪总时间 a_4 和预警雷达网对目标识别系统的指示误差 a_5,对 a_1 和 a_2 做合理性检查。

（8）精确跟踪识别能力算子:算子类型为复合算子,包含统计学习算子和指标预测算子,输出对弹头的识别概率、识别为弹头的数量 a_6 和稳定跟踪弹头的时刻 a_7,对 a_3、a_4 和 a_5 做合理性检查。

（9）任务分配能力算子:算子类型为复合算子,包含统计学习算子和指标预测算子,输出动用拦截导弹数量 b_1,对 a_6 和 a_7 做合理性检查。

（10）拦截决策能力算子:算子类型为复合算子,包含统计学习算子和指标预测算子,输出对弹头发射的拦截弹数量 n_1、对弹头的拦截弹估计剩余拦截时间 b_2 和对弹头的拦截弹估计拦截高度 b_3,对 b_1 做合理性检查。

（11）可靠发射能力及拦截对抗能力算子:算子类型为复合算子,包含统计学习算子和指标预测算子,输出可靠发射概率 p_{b_1}、拦截弹中末交班概率 p_{b_2} 和拦截弹单发毁伤概率 p_{b_3}。

以上指标对应的变量名称与前述评估解算公式中的变量含义相同,另外,公式中未出现的变量,如 a_1、a_2、a_3 等,是为了方便算子间接口关系的设计,在以下介绍的算子接口关系图中有具体体现。

求解对弹头的识别概率、识别为弹头的数量等评估基础指标,可以采用统计学习思路,通过对有限仿真实验样本施加样本学习过程,得到仿真实验条件与效能指标的关系,进而得到评估基础指标的预测值,其基本工作流程:实验样本预处理—样本学习—模型验证—评估基础指标预测—可视化输出。实验样本预处理,包括对样本数据的合理化检查,剔除明显不合理的样本数据等操作;样本学习,是对预处理过的样本数据施加机器学习算法,得到实验因子与评估基础指标的关系模型;模型验证,是对样本学习输出的关系模型进行有效性验证;评估基础指标预测,是针对指定的实验条件,采用有效的关系模型进行评估基础指标解算;可视化输出,包括对关系模型和评估基础指标预测值的可视化输出。

　　FEMS 集成了大量统计学习类算子,包括支持向量机算子、回归预测算子、分类算子等,如图 6 – 3 所示。以上基础指标解算过程可通过调用 FEMS 中已有的统计学习算子实现。

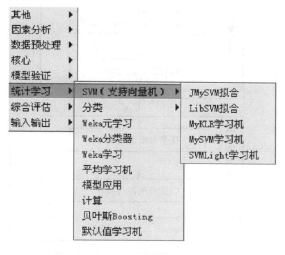

图 6 – 3　统计学习相关算子

　　对评估基础指标的预报模型有效验证可以单独进行,则也可以嵌入到评估基础指标解算过程。如果单独进行,则可以选择样本输入算子、交叉验证算子、模型加载算子、回归计算算子和模型评估算子组合。样本输入算子加载实验样本,交叉验证算子实施模型的有效性验证过程。交叉验证算子包含模型加载算子、回归计算算子和模型评估算子,模型加载算子加载评估基础指标的预报模型,回归计算算子将样本输入算子加载的实验样本应用到评估基础指标的预报模型中,得到样本数据中的预报数据表,模型评估算子综合实验样本的结果数据项和预报数据项,得到模型的有效性评估结果。

2．算子接口关系设计

算子设计完成之后,需要进行算子间的数据接口设计,使得所构建的算子树模型的算子单元间具有正确的因果关系链。

基于以上设计的导弹突防作战效能评估算子,构建突防作战效能算子树评估模型时,算子间的数据接口关系如图6-4所示。空中监视和早期预警能力

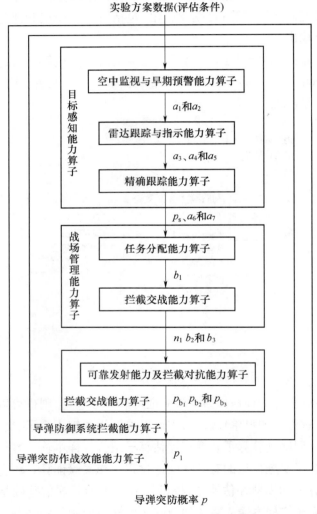

图6-4　导弹突防作战效能评估算子关系图

算子的输出预警时间 a_1 和预警卫星网对雷达的指示误差 a_2，输入到雷达跟踪及指示能力算子，该算子对其输入做合理性检查，例如，预警卫星对雷达的目标指示误差不能超过某一门限值。同样，雷达跟踪及指示能力算子的输出 a_3、a_4 和 a_5，输入到精确跟踪能力算子，并接受该算子的合理性检查，例如，雷达跟踪及指示能力算子输出的预警时刻必须小于精确跟踪能力算子输出的稳定跟踪弹头的时刻。依次类推，各个算子通过数据接口，构成因果关系链，生成导弹突防作战效能评估算子树，算子树输出导弹突防作战效能评估问题的目标解，即导弹突防概率。

3. 评估算子树构建

在导弹突防作战效能评估相关算子设计和选择完成，并确定了算子树模型的算子单元数据交互关系后，即可在 FEMS 环境下构建对应的算子树模型。该模型如图 6-5 所示（部分算子没有展开）。另外，基于统计学习的评估基础指标解算可单独进行，对应算子树评估模型如图 6-6 所示。

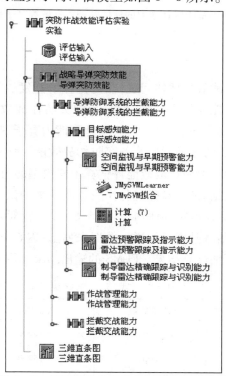

图 6-5　导弹突防作战效能评估算子树模型

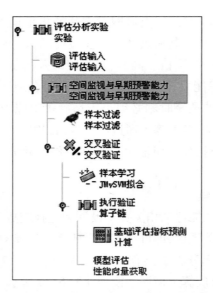

图 6 – 6　基于统计学习的评估基础指标解算算子树模型

6.1.5　算例

　　针对导弹突防作战效能评估问题,在支持算子开发的软件平台 FEMS 中集成了导弹突防作战效能评估算子集,包括导弹突防作战效能算子、导弹防御系统拦截能力算子、目标感知能力算子、战场管理能力算子、拦截交战能力算子等评估算子,使其具备了对导弹武器装备突防作战效能评估建模和分析的支撑能力。下面介绍运用导弹突防作战效能评估算子树模型的简单算例。

　　我们拟定一组数据,进行导弹突防作战效能评估的试算,见表 6 – 1、表 6 – 2 和表 6 – 3。表 6 – 1 是拟定的评估条件;表 6 – 2 是针对对弹头识别概率拟定的样本数据,其他评估基础指标的样本数据未列出;表 6 – 3 是基于拟定的评估条件和样本数据的评估试算结果。FEMS 的输出结果如图 6 – 7 所示。

表 6 – 1　评估条件数据表

	评估因素 1	评估因素 2	评估因素 3
方案 1	200000	15000	3
方案 2	200000	15000	3.5
方案 3	140000	15000	3

128

表6-2　某评估基础指标样本数据表(对弹头的识别概率)

	评估因素1	评估因素2	评估因素3	对弹头识别概率
样本1	200000	15000	3	0.61
样本2	200000	15000	3.5	0.5
样本3	140000	15000	3	0.7
⋮	⋮	⋮	⋮	⋮
样本14	13000	6000	3	0.6

表6-3　评估结果数据表

	评估因素1	评估因素2	评估因素3	导弹突防概率
样本1	200000	15000	3	0.910
样本2	200000	15000	3.5	0.813
样本3	140000	15000	3	0.791

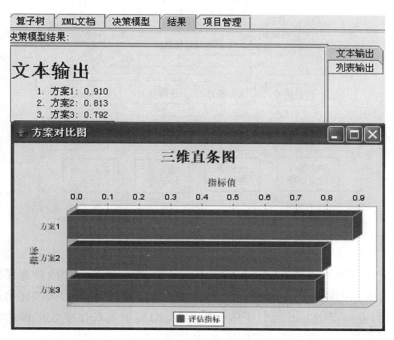

图6-7　导弹突防作战效能试算结果

6.2　装甲装备作战效能评估

装甲装备是非常重要的地面装备。装甲装备作战效能,无论对装甲装备的装备论证研究,还是作战使用研究,其决策支持作用是不言而喻的。装甲装备作战效能研究,应遵循武器作战效能评估研究的一般思路,即以评估指标体系的拟定为起点,以评估方法的选择为手段,以评估模型的构建为关键。

6.2.1　评估指标体系

装甲装备作战效能评估时,首先要在明确装备评估需求的基础上,拟定装甲装备作战效能评估指标体系。我们依据常用评估指标体系构建模式,将装甲装备作战效能评估的问题式概括为实验方案—作战能力—作战效能的双层结构,如图6-8所示。

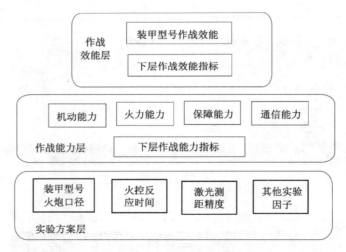

图6-8　装甲装备作战效能评估问题模式结构

以上评估指标体系可分解为两个评估问题,即装甲装备作战效能评估和装甲装备作战能力评估,分别映射为作战效能评估问题求解树和作战能力评估问题求解树,进一步衍生出两个评估指标体系,即装甲装备作战效能评估指标体系和装甲装备作战能力评估指标体系,如图6-9和图6-10所示。

1. 装甲装备作战效能评估指标体系

装甲装备作战效能评估指标体系,是装甲装备作战效能评估建模和分析的

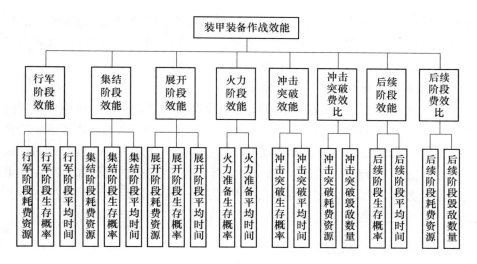

图 6-9　装甲装备作战效能评估指标体系

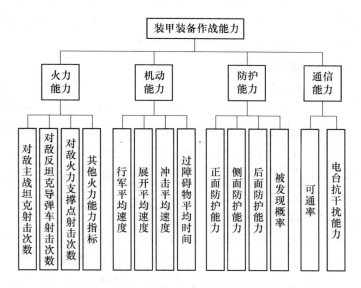

图 6-10　装甲装备作战能力评估指标体系

基础,是为适应装甲装备作战效能评估需求而建立的。我们按照作战任务执行的时序,进行指标的第一次分解,即将装备作战效能分解为行军阶段、集结阶段、展开解算、火力准备阶段、冲击突破阶段和后续阶段。此外,也考虑了装备的费效比因素,这样就将目标问题分解为若干子问题,实现了对问题的简化。在此基础上,对子问题进一步分解,即可得到更容易获取的指标,从而生成了原子问题(不能再分解的问题)。例如,行军阶段耗费的资源数量、行军解算的生存概率、行军阶段的平均时间等指标都可以通过仿真实验统计得到,这就为评估系统和仿真系统对接创造了条件。

2. 装甲装备作战能力评估指标体系

装甲装备作战能力评估指标体系,是装甲装备作战能力评估建模和分析的基础,是为装甲装备作战能力评估需求而建立的。我们依据武器装备系统的自身特性和作战使用方式,将其作战能力指标分解为火力能力、机动能力、防护能力和通信能力。分解后的指标可进一步分解为容易解算的指标,如对敌主战坦克的射击次数、对敌火力支撑点射击次数等指标,这些指标都可以通过仿真实验统计得到,也就为基于仿真的装甲装备作战能力评估奠定了基础。

6.2.2 评估和分析方法

鉴于评估问题各自的不同特点,装甲装备作战效能评估和作战能力评估采用不同的评估方法。而在装甲装备的作战效能和作战能力间建立联系的必要途径,就是进行装甲装备作战效能影响因素分析。

1. 装甲装备作战效能评估方法

装甲装备作战效能评估时,采用效用聚合方法,其基本思想:将装甲装备作战效能分解为若干子效能,作战效能的效用值是这些子效能值的加权和值,而这一加权和值就是装甲装备作战效能的评估值;子效能的效用值的求取,依赖于所选取的效用函数,而效用函数实现了对人的经验和仿真数据的有效综合,具体算法见第3章评估方法小节。总体来说,效用聚合方法是一种定性与定量相结合的评估方法。

2. 装甲装备作战能力评估方法

装甲装备作战能力评估时,采用基于正负理想点的 TOPSIS 方法,火力能力、机动能力、防护能力和通信能力分别评估,不再向上聚集为一个总的作战能力。TOPSIS 方法将比较不同方案在方案空间中与理想方案的欧氏距离,实现对多个方案的对比分析。该方法(具体算法见第3章)能够有效融合专家经验和仿真信息,是定性与定量相结合的评估方法。

3. 装甲装备作战效能影响因素分析方法

鉴于装甲装备作战效能评估指标体系的实验方案—作战能力—作战效能的双层结构,面向作战效能评估的装甲装备攻防对抗仿真实验分析内容,包括针对实验方案—作战能力的方案能力分析、针对作战能力—作战效能的能力效能分析,以及针对实验方案—作战效能的方案效能分析。

(1)方案能力分析:分析实验条件对装甲装备作战能力的影响,找到影响作战能力的主要因素,可进一步得到实验因子与作战能力指标的关系模型,支持作战能力指标的预测和实验方案的优化。

(2)能力效能分析:分析装甲装备作战能力对其作战效能的影响,找到影响作战效能的主要作战能力,可进一步得到作战能力指标与作战效能指标的关系模型,支持一定作战能力条件下对作战效能的预测。

(3)方案效能分析:分析实验条件对装甲装备作战效能的影响,找到影响作战效能的主要因素,可进一步得到实验因子与作战效能指标的关系模型,支持作战效能指标的预测和实验方案的优化。

装甲装备作战效能影响因素分析流程(图6-11)如下:

(1)获取输入数据,包括实验方案数据和评估结果数据,生成影响因素分析数据表,即方案效能分析数据表(表6-4)、方案能力数据表和能力效能数据表;

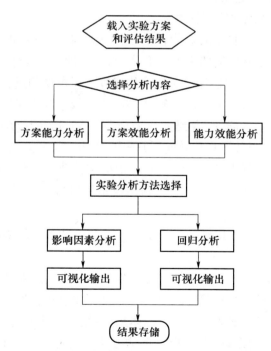

图6-11 装甲装备作战效能影响因素分析流程图

（2）针对某项实验分析内容，选用适当的影响因素分析算法，解算分析结果；

（3）分析结果可视化输出。

表 6-4　方案效能分析数据表

	实验因子 1	实验因子 2	...	实验因子 m	作战效能
方案 1	x_{11}	x_{12}	...	x_{1m}	y_{11}
方案 2	x_{21}	x_{22}	...	x_{2m}	y_{21}
⋮	⋮	⋮	⋮	⋮	⋮
方案 n	x_{n1}	x_{n2}	...	x_{nm}	y_{n1}

6.2.3　评估和分析建模

在 FEMS 环境下，依据选择的评估方法确定评估建模的算子元件，依据拟定的评估指标体系实例化所选算子元件，建立与指标体系外观一致的层次化的算子树模型，就实现了对装甲装备作战效能评估、作战能力评估以及作战效能影响因素分析的柔性建模。

1. 装甲装备作战效能评估建模

依据图 6-9 所示的作战效能评估指标体系，以及选择的效用聚合评估方法，装甲装备作战效能评估选用了三个算子元件，即"效用函数算子"、"乘积算子"和"加权求和算子"。使用算子元件构建算子树模型的过程如下：

（1）用"装甲装备作战效能"指标实例化"加权求和算子"元件；

（2）"行军阶段效能"、"集结阶段效能"等第二层指标实例化"乘积算子"元件，并插入到"装甲装备作战效能"算子内，成为该算子的"孩子"算子；

（3）"行军阶段耗费资源"等最下层指标实例化"效用函数算子"元件，并依据评估指标体系的层次关系，插入到相应指标对应的算子内，成为对应算子的孩子算子。

由以上步骤，基于效用函数类算子元件的装甲装备作战效能评估算子树模型就构建完成了，如图 6-12 所示。

比较图 6-9 和图 6-12，可以看到，装甲装备作战效能评估指标体系与评估模型具有比较一致的表现形式，用户能够通过装甲装备作战效能评估算子树模型，理解装甲装备作战效能评估指标体系，并根据算子元件的类型，理解装甲装备作战效能评估的方案，即选择的评估方法。而且，评估用户可以根据需要换用其他的评估算子元件，从而方便灵活地实现对装甲装备作战效能评估方案的调整。可见，基于算子的装甲装备作战效能评估模型能够适应评估需求的变

图 6 - 12 装甲装备作战效能评估算子树

化,具有"柔性"。

2. 装甲装备作战能力评估建模

依据图 6 - 10 所示的作战能力评估指标体系,依据所选的 TOPSIS 评估方法,装甲装备作战能力评估建模需要三个算子元件,即"汇总算子"、"TOPSIS 方法"和"规范化算子"。使用算子元件构建装甲装备作战能力评估算子树模型的基本过程如下:

(1)装甲装备作战能力指标实例化评估系数汇总算子类;

(2)火力能力、机动能力等指标实例化 TOPSIS 方法算子类;

(3)最下层指标实例化规范化算子类;

(4)依据评估指标体系建立算子间的层次化关联;

(5)正确设置相关算子属性,如指标类型的选择、指标加权等。

基于以上步骤,即可建立装甲装备作战能力评估算子树模型,如图 6 - 13 所示。

比较图 6 - 10 和图 6 - 13,可以看到,装甲装备作战能力评估指标体系与其评估模型具有比较一致的外在表现形式,用户能够通过装甲装备作战能力评估算子树模型理解装甲装备作战能力评估指标体系,并根据算子元件的类型,理解装甲装备作战能力评估方案。而且,可以根据需要换用其他的评估算子元件,从而方便灵活地实现对装甲装备作战效能评估方案的调整,确保模型对需求变化的适应能力。

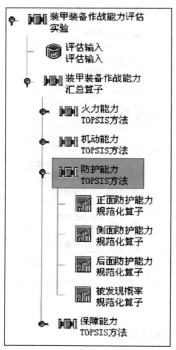

图6-13 装甲装备作战能力评估算子树

3.装甲装备作战效能影响因素分析建模

针对装甲装备攻防对抗仿真实验分析问题,选择影响因素分析系列算子和回归分析系列算子,依据装甲装备作战效能影响因素分析基本流程,构建影响因素分析算子树模型。概括起来,影响因素分析用到如下算子:

(1)影响因素分析系列算子。包括极差分析算子、方差分析算子、相关系数求解算子等。其中,极差分析算子封装极差分析算法;方差分析算子封装方差分析算法;相关系数算子封装因素指标间的相关系数的求解算法。

(2)回归分析系列算子。包括最小二乘回归算子、支持向量机算子、Weka学习算子等。其中,最小二乘回归算子封装基于最小二乘的多元线性回归算法;支持向量机算子封装支持向量机回归算法;Weka学习算子封装Weka学习算法。

136

（3）数据载入系列算子。包括数据合成算子等。数据合成算子封装实验条件和评估结果的数据载入操作。

（4）结果可视化系列算子。包括 Pareto 分析图算子、直方图算子、饼图算子等。其中，Pareto 分析图算子封装 Pareto 分析图的绘制操作；直方图算子封装直方图的绘制操作；饼图算子封装饼图的绘制操作。

影响因素分析的建模规范如下：

（1）对于数据载入—因素影响分析—结果输出流程，可以选择数据合成算子、极差分析算子或方差分析算子或相关系数求解算子及 Pareto 分析图算子（或其他绘图算子），构建算子树模型，实现基于某个因素影响分析算法的因素影响分析。

（2）对于数据载入—回归分析—结果输出流程，可以选择数据合成算子、最小二乘回归算子（或其他回归分析算子）及预测算子，构建算子树模型，实现基于某个回归分析算法的回归分析。

（3）对于数据载入—因素影响分析—回归分析—结果输出流程，可以对应为一个可执行的算子树，实现因素影响分析与回归分析。算子树模型如图 6 - 14 所示。其中，因素影响分析可以换用方差分析算子，拟合回归分析可以换用支持向量机算子或最小二乘回归算子，体现了评估和分析建模时，建模单元选择的灵活性。

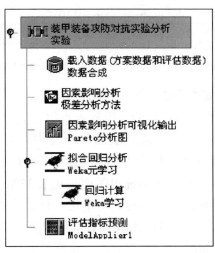

图 6 - 14　装甲装备作战效能影响因素分析算子树

6.2.4 算例

在 FEMS 环境下完成装甲装备作战效能评估相关模型的构建之后,正确设置模型输入和算子属性,并验证模型的输入输出接口无误后,启动算子引擎,即可得到各个模型在一定输入下的运算结果了。以下针对已建立的作战效能评估模型、作战能力评估模型和影响因素分析模型,分别拟定一组输入,进行模型的试算。

1. 装甲装备作战效能评估算例

拟定装甲装备行军阶段效能的一组输入数据,如图 6 - 15 所示。行军阶段平均时间的效用函数设为指数型,如图 6 - 16 所示;行军阶段生存概率的效用函数设为增强型;行军阶段耗费资源的效用函数设为减弱型,并设定相关的效用函数参数,得到装甲装备行军阶段效能的评估结果,如图 6 - 17 所示,由不同方案的评估解算结果,可实现对多方案的对比分析。

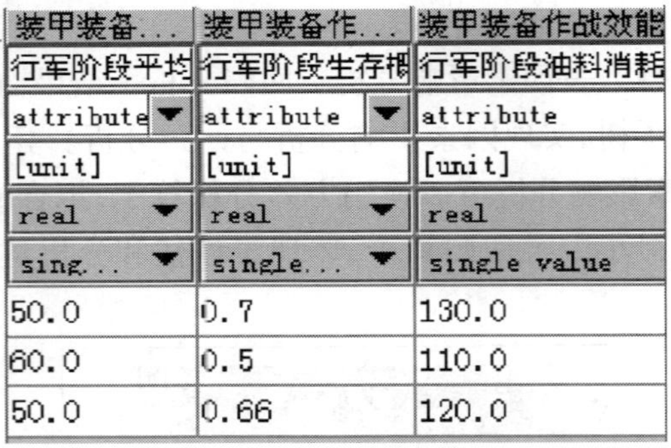

装甲装备…	装甲装备作…	装甲装备作战效能
行军阶段平均	行军阶段生存概	行军阶段油料消耗
attribute ▼	attribute ▼	attribute
[unit]	[unit]	[unit]
real ▼	real ▼	real
sing... ▼	single... ▼	single value
50.0	0.7	130.0
60.0	0.5	110.0
50.0	0.66	120.0

图 6 - 15 装甲装备行军阶段效能评估输入数据

2. 装甲装备作战能力评估算例

拟定装甲装备作战能力评估的一组输入数据,见表 6 - 5。按照越大越好为效用型、越小越好为成本型、某点值最好为适中型的原则,将正面防护能力、侧面防护能力和后面防护能力的指标类型都设置为效用型,被发现概率的指标类型设置为成本型,其他指标也类似地设置好相应的指标类型。通过专家评价接口,设置指标底层各指标相对上层指标的重要性程度,实现对底层指标的加权。如果是适中型指标,则要设置好用户最满意值。“对敌主战坦克射击次数”算子的设置如图 6 - 18 所示。启动算子引擎,执行装甲装备作战能力评估算子树模型,即可得到不同评估输入方案的装甲装备作战能力的评估结果,如图 6 - 19 所示。

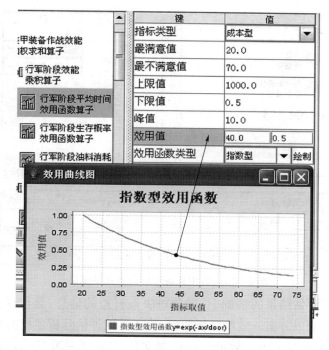

图 6 – 16　装甲装备作战效能评估指标属性设置（行军平均时间）

图 6 – 17　装甲装备作战效能评估结果

表 6 – 5　装甲装备作战能力评估输入数据表

	对敌主战坦克射击次数	对敌反坦克导弹车射击次数	…	可通率
方案 1	2000	1000	…	0.8
方案 2	1500	1500	…	0.75
方案 3	2050	800	…	0.9

3. 装甲装备影响因素分析算例

　　装甲装备作战效能影响因素分析的目的,就是确定装甲装备作战效能的主要影响因素有哪些,及这些因素与作战效能的解析关系。可见,影响因素分析

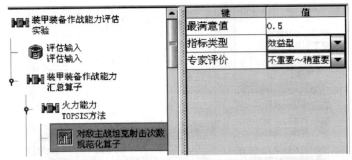

图 6 – 18 装甲装备作战能力评估属性设置（对敌主战坦克射击次数）

火力能力	机动能力	防护能力	保障能力
0.5047205066846632	1.0	0.4805398178191557	0.5
0.41995891917075684	0.0	0.5912861839181174	0.5
0.5173396160048129	0.028773610145001134	0.43835272371905537	0.5

图 6 – 19 装用装备作战能力评估结果

是在作战效能评估结果的基础上，提取对决策有益的信息，是作战效能评估的必要补充。下面以方案 – 效能分析为例，验证柔性评估分析建模的有效性。

首先，生成并导入方案效能分析数据文件，如图 6 – 20 所示。图中数据表

图 6 – 20 影响因素分析输入数据（方案 – 效能分析）

140

左侧数据为方案对应指标的设计值,最右边一栏为作战效能评估值。

而后,正确设置模型中相关算子的属性,主要设置回归分析算子的相关属性,如模型参数。

最后,启动算子引擎,执行影响因素分析模型,得到模型运算结果,如图6-21所示。可见,火炮口径对装甲装备作战效能的影响最大。

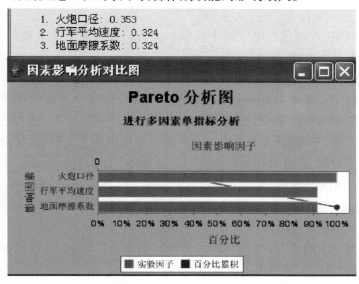

图6-21 影响因素分析结果

6.3 航空装备作战效能评估建模

空战是现代战争中的主要作战模式,而航空装备对空战的作用尤为重要,因此对航空装备的作战效能进行有效评估有十分重要的现实意义。

6.3.1 反辐射无人机作战效能评估建模

1. 评估对象简介
对于反辐射无人机武器系统,其作战使命主要包括:扰乱、压制和打击敌防空系统中的导弹制导雷达、火控雷达、拦截指挥雷达等对防空作战威胁等级比较高的雷达;也可以用来吸引大量的敌防空导弹火力,消耗敌武器、弹药储备,从而降低敌防空系统作战能力,提高作战飞机的生存能力。

反辐射无人机可以数十架乃至更大的规模,对敌方的防空系统进行大面积的摧毁打击,为航空兵的攻击机开辟进攻走廊。例如,由电子对抗情报侦察提供作战区域的电磁辐射源分布、工作体制、信号参数等情报,按作战意图确定打击目标,规划作战任务后,将作战数据加载到反辐射无人机机载的导引头中,发射升空后,反辐射无人机可自主飞行到作战区域,由导引头搜索、识别目标和俯冲攻击。

概括起来,在现代的电子战中反辐射无人机发挥着至关重要的作用,主要体现在以下几个方面:

1)它是电子战的"硬火力"

反辐射无人机作为电子战的"硬杀伤"手段,得到越来越广泛的重视和应用。在近期的局部战争中,反辐射攻击兵器得到广泛的使用,成为效果显著的新型打击力量。反辐射无人机作为一种新的反辐射攻击力量,其作战对象是敌方的电磁辐射源,通过对其物理性毁伤削弱、破坏其作战效能,从而弥补电子战"软火力"的不足。

2)它是空袭作战的"清道夫"

提高空中进攻的攻击能力,有两个途径。一是提高己方的攻击强度,即加大综合火力突击的力度;二是削弱敌方的防御能力。前者,必须确保己方火控系统的正常工作,不受敌人的电子监视和打击,以保证己方火力强度和精度;后者需对敌进行电子干扰和压制,破坏敌方防空体系的整体作战效能,从而削弱敌方的防空能力。反辐射无人机作为一种新型电子进攻武器,直接摧毁和压制敌雷达,即通过削弱敌防御能力,为空袭作战保驾护航。

3)它是威慑敌胆的"悬天雷"

由于反辐射无人机具有不需要空中发射平台、较强的隐身能力、较宽的攻击频段等特点,使得它在作战中能在敌方预警前进行突然袭击;另外,反辐射无人机滞空时间长,当目标辐射源关机时,反辐射无人机可在其上空进行巡弋,伺机攻击。这样就对敌方电磁辐射装备的操纵人员和指挥人员造成一种巨大的心理压力,使其慑于反辐射攻击而关闭雷达、缩短工作时间以至贻误战机。

2. 评估指标体系

反辐射无人机的作战任务,是压制和打击敌防空系统中的导弹制导雷达、火控雷达、拦截指挥雷达等,对防空作战威胁等级比较高的雷达,实现对目标雷达的软杀伤甚至硬摧毁。反辐射无人机作战效能评估的目的,是检验其对目标雷达扰乱甚至摧毁等作战任务的完成程度,实现对其作战任务完成程度的定量评价。

依据反辐射无人机作战使命任务、功能组成和战术技术指标,基于前面章节介绍的 ADC + SCA 评估模型框架,按照科学、客观和完备的原则进行评估指标分解与选取,拟定反辐射无人机作战效能评估指标体系,其基本过程如下:

(1)反辐射无人机的作战效能可分解为可用性(A)、可信性(D)、固有能力和电磁兼容性;

(2)可用性进一步分解为体现装备作战保障能力的勤务保障能力、人员训练水平、装备维护能力和阵地选择水平,以及装备的可用度;

(3)可靠性进一步分解为飞行和发射可靠度、平均修复时间、平均无故障工作时间等;

(4)固有能力进一步分解为感知能力(S)、指挥控制能力(C)以及作战能力(A);

(5)感知能力进一步分解为发现目标能力、全天候侦察能力、信号处理能力和目标识别能力;

(6)指挥控制能力进一步分解为系统反应能力和信息传输能力;

(7)作战能力从进攻和防御的角度考虑,进一步分解为攻击能力和生存能力,并进一步分解为突防概率、射击精度等指标;

(8)电磁兼容性指标,依据电磁兼容的基本内涵,将该指标进一步分解为装备抗干扰能力及其电磁干扰反射,分别体现装备对输出电磁干扰的免疫能力,及对外电磁发射特性。

由以上步骤拟定的反辐射无人机作战效能评估指标体系如图 6 - 22 所示。

3. 评估算子树模型构建

依据图 6 - 22 所示的反辐射无人机作战效能评估指标体系,以及模糊 AHP 评估方法,在 FEMS 环境下,运用 AHP 方法算子元件和 AHP 元算子元件,按照指标体系的结构设计算子的数据接口关系,建立反辐射无人机作战效能评估算子树模型。底层指标实例化 AHP 元算子元件,其余指标实例化 AHP 方法算子元件,如图 6 - 27 所示。其中,AHP 方法算子元件封装模糊 AHP 方法的模糊聚合操作;AHP 元算子元件封装反辐射无人机作战效能评估下层指标的 AHP 打分及隶属度计算等操作。

比较图 6 - 22 和图 6 - 23,反辐射无人机作战效能评估指标体系与其评估模型具有比较一致的表现形式,用户能够通过反辐射无人机作战效能评估算子树模型,理解反辐射无人机作战效能评估指标体系,并根据算子元件的类型,理解反辐射无人机作战效能评估所选的评估方法。而且,用户可以根据需要换用

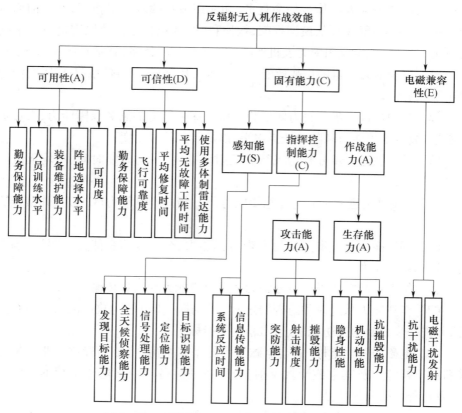

图 6-22 反辐射无人机作战效能评估指标体系

其他的评估算子元件,灵活方便地调整反辐射无人机作战效能评估方案。

可见,采用基于功能组件的评估建模思路,依据反辐射无人机作战效能评估所选的指标量化和评估聚合方法,设计评估算子元件,构建算子树形式的评估模型,能够建立评估指标体系和评估模型间的直观关联,且体现了评估建模时的可重构性和扩展性,能够适应评估需求的多样性和可变性,是 ADCE 评估建模框架理论和柔性评估建模方法论的具体应用,有一定的现实意义和理论参考价值。

4. 算例

通过算子操作接口,配置评估模型的输入数据,如专家经验数据、仿真实验数据、实战演练数据等,正确设置相关属性,在计算机上执行该模型,就可以实现评估解算,得出定量评估结果,如图 6-24 ~ 图 6-26 所示。

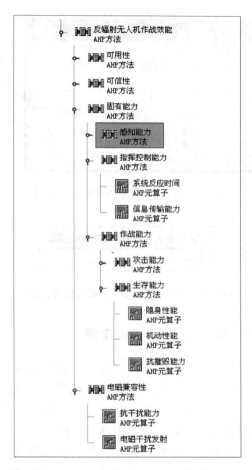

图 6-23　反辐射无人机作战效能评估算子树模型

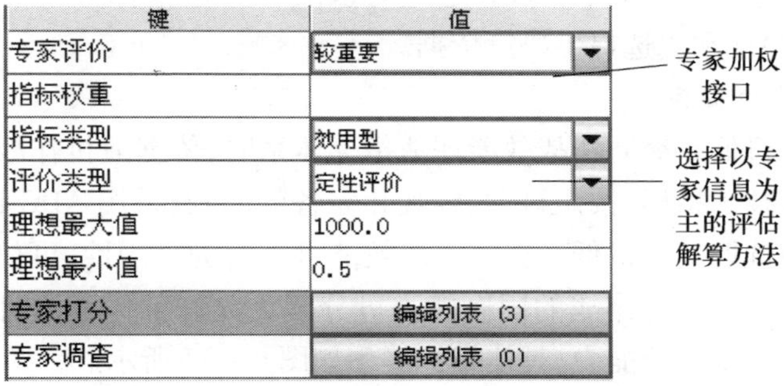

键	值	
专家评价	较重要 ▼	专家加权接口
指标权重		
指标类型	效用型 ▼	
评价类型	定性评价 ▼	选择以专家信息为主的评估解算方法
理想最大值	1000.0	
理想最小值	0.5	
专家打分	编辑列表 (3)	
专家调查	编辑列表 (0)	

图 6-24　指标数据配置示意图

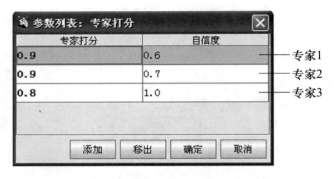

图 6 - 25　专家打分数据配置示意图

图 6 - 26　反辐射无人机作战效能评估结果

6.3.2　战机低空突防作战效能评估建模

在现代战争中,低空突防是提高战斗机生存能力的有效举措,而对低空目标的预警探测也是战略预警研究的热点和难点问题。可见,能够低空突防的战机和预警探测系统是攻防对抗的双方,研究战机的低空突防作战效能,同时也为低空飞行目标的探测问题研究提供了思路和素材。

提高战机低空突防能力的重要措施是加装导航吊舱,而导航吊舱战术技术指标的设计是提高战机突防能力的起点和基础。本书的研究主要是针对导航吊舱的战术技术指标的论证问题,通过对多战术技术指标方案的突防效能评估,为方案的验证和优选提供决策依据。

1. 评估指标体系

拟定战斗机低空突防作战效能评估指标体系时,依据战机作战使命任务和导航吊舱战术技术指标,按照科学、客观和完备的原则,采用 ADC 评估思路,进行指标分解与选取。战机低空突防作战效能可分解为可用性、可信性和固有能力,其中,战机低空突防作战的固有能力可分解为允许工作范围、作用距离、目标搜索能力和安全监控能力,具体指标体系如图 6 - 27 所示。

2. 评估解算方法

战机低空突防作战中,导航吊舱的任务是保证载机在夜间无星光条件下,

146

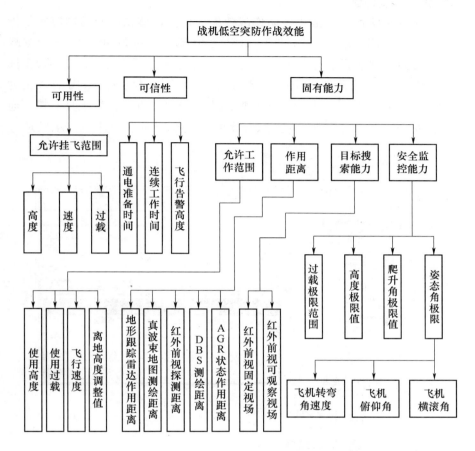

图 6-27 战机突防作战效能评估指标体系

从大于翼尖宽度的峡谷内低空高速突防至目标上空。

导航吊舱的主要功能如下：

（1）利用地形跟随雷达提供垂直操纵信息，以垂直过载 g 值指令的形式显示在平视仪上，用于在飞越地面、障碍物和水面时进行地形跟踪和低空安全飞行；

（2）利用固定成像导航装置进行前视红外探测，以 $1:1$ 的前视红外图像显示在平视仪上，用于昼间/夜间导航和地形回避。

导航吊舱的导航效能评估，可采用效用聚合 + AHP 方法进行评估解算，算法模型见 3.3 节。

3．评估模型构建

依据图 6－27 所示的战机突防作战效能评估指标体系以及模糊层次分析评估方法，运用 AHP 方法算子元件和 AHP 元算子元件，在 FEMS 环境中建立战机突防作战效能评估算子树模型，底层指标实例化 AHP 元算子元件，其余指标实例化 AHP 方法算子元件，如图 6－28 所示。该模型以专家打分的定性评估为主，为多专家进行导航吊舱战术技术指标的集成研讨提供了提供工具支撑。通过灵活的算子选择和算子属性设置等，确保了该模型对多种评估需求的适应能力。

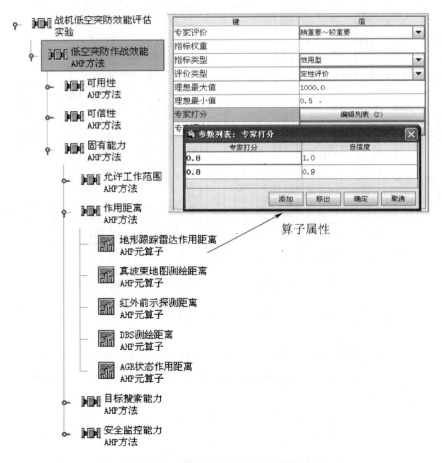

图 6－28　战机突防作战效能评估模型

6.3.3 新型战斗机作战效能评估建模

随着美军 F-22 "猛禽"战斗机正式列装,俄军 T50 也进入全面试验阶段,预示着新一代战斗机正快步向我们走来,开展外军新型战斗机的作战效能评估研究具有十分重要的现实意义。本书采用基于算子的评估建模方法,在 FEMS 环境下建立了 F-22 作战效能评估算子树模型,可以为针对外军新型战斗机的研究提供参考。

1. 评估对象分析

外军新型战斗机(如 F-22),具有超声速巡航能力、超机动能力、隐身能力和超视距导弹攻击能力,与以往战斗机相比做了很大的改进,主要体现在以下几方面:

1)具有隐身性能

F-22 的雷达散射截面积与国外三代机相比下降 1 个数量级,因此它可以做到先敌发现、先敌攻击,大大增强作战的突然性、隐蔽性,提高了作战效能。

2)具有超声速巡航能力

发动机不开加力时,飞机超声速巡航可以大大提高空中发射导弹的初始速度,使得拦截区域更大,这在超视距空战中尤为重要。

3)具有较强的抗干扰能力

F-22 装备先进的有源相控阵火控雷达,具有多目标攻击能力和高可靠性,作战性能和威力大幅度提高。

4)具有高机动性

F-22 在爬升率、盘旋角速度、滚转角速度、加速特性、盘旋半径、爬升特性、盘旋角加速度和滚转角加速度等性能上都优于 F-15 等典型第三代战斗机。

2. 评估指标体系

结合 F-22 战斗机的典型技术性能,选取影响战斗机作战效能评估的七个主要因素,包括生存能力、机动能力、态势感知能力、信息支援能力、攻击能力、抗干扰能力和可靠性,构建效能指标体系,基本能够覆盖外军新型战斗机作战效能的指标空间。评估指标体系结构如图 6-29 所示。

对于外军新型战斗机的生存能力 S,可以综合以上指标,基于专家经验和解析计算相结合的思路,以空战原理为指导,采用模糊评价方法得到生存能力的聚合评估值,具体算法见第 3 章相关内容。

2)机动能力

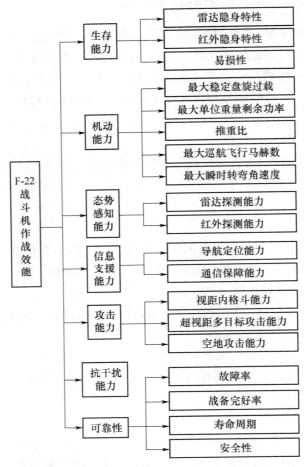

图6-29　外军新型战斗机作战效能评估指标体系

　　常规的空战模式下,战斗机通常要绕到目标机的后部实施攻击。随着矢量推力技术在发动机上的应用,以及全方位先进空空、空地导弹的出现,新型战斗机不开加力就能做长时间超声速巡航等特性,对于高速突防、快速通过敌防空区极为有效。本书考虑到外军新型战斗机的加速性能、超声速巡航能力等,引入最大瞬时转弯角速度等敏捷性参数来描述飞机的机动性能,将机动能力指标进一步分解为最大稳定盘旋过载、最大可用加力推力与飞机正常起飞重量所得的推重比、飞机最大巡航飞行马赫数、飞机最大瞬时转弯角速度、最大单位重量剩余功率五个指标,同样通过模糊综合评价得到机动能力的评估聚合值。

3）态势感知能力

战斗机自身态势感知能力 A_d 通常由机载雷达和红外搜索跟踪装置的探测跟踪能力 A_d^r 和 A_d^{IR} 两部分组成,可以将态势感知能力进一步分解为雷达探测能力和红外探测能力两个指标,并采用如下计算模型进行评估聚合。当然,两指标的加权系数取决于专家经验。

$$A_d = 0.8A_d^r + 0.2A_d^{IR} \qquad (6-5)$$

4）空间信息支援能力

F-22 可从其他平台,如 E-3 预警机(AWACS)和卫星等多信息源获取信息,提高其机动性和协同性。空间信息支援能力可引入一个量化指标——空间信息支援能力影响因子用 F 来描述。空间信息主要考虑导航定位信息和通信保障信息,导航定位信息影响因子用 F_1 表示,通信保障信息影响因子用 F_2 表示。空间信息支援能力影响因子 F,可以表示为导航定位信息影响因子 F_1 和通信保障信息影响因子 F_2 的加权求和值,依据专家经验和空战原理,权值可取为 0.5,即 $F = 0.5F_1 + 0.5F_2$。

对于飞机用户,导航定位能力主要由目标定位能力、运动中通信能力等性能指标决定。其中,目标定位能力用目标定位精度 dw_d 来衡量,运动中通信能力用飞机速度极限 sd_d 来衡量,目标定位精度和飞机速度极限对导航定位能力的隶属度,可以用正态分布函数近似。导航定位信息影响因子 F_1 可以表示为

$$F_1 = w_{11} \cdot R_1(dw_d) + w_{12} \cdot R_2(sd_d) \qquad (6-6)$$

式中:w_{11}、w_{12}——表示两个性能指标在导航定位信息影响因子的权重;

$R_1(dw_d)$——目标定位精度对目标定位能力的隶属函数;

$R_2(sd_d)$——用户速度极限对运动中通信能力的隶属函数。

结合专家经验和空战原理,权值定为 $w_{11} = 0.43$、$w_{12} = 0.57$。

卫星通信保障能力由通信覆盖能力、通信质量、保密性等性能指标确定。其中,通信覆盖能力可以用通信距离 jl_t 来衡量,通信质量可以用误码率 wm_t 来衡量,保密性可根据实际经验由专家综合评估所得。通信保障能力的影响因子可以表示为

$$F_2 = w_{21} \cdot R_3(jl_t) + w_{22} \cdot R_4(wm_t) + w_{23} \cdot R_5 \qquad (6-7)$$

式中:$R_3(jl_t)$——通信距离 jl_t 对通信覆盖能力的隶属函数;

$R_4(wm_t)$——误码率 wm_t 对通信质量的隶属函数;

R_5——保密性通信能力隶属值；

w_{21}、w_{22}、w_{23}——分别表示通信覆盖能力、通信质量和保密性对空战中战斗机通信能力的重要性权值。

结合专家经验和空战原理，权值分别为 $w_{21}=0.38$、$w_{22}=0.23$、$w_{23}=0.39$。

5）攻击能力

外军新型战斗机具有超视距攻击能力、全向攻击能力和大机动格斗能力等，这与其强大的武器系统是分不开的。可以将攻击能力进一步分解为空空攻击能力 A 和对地攻击能力 C。

战斗机上用于空空作战的武器主要是空空导弹和航炮，计算空战火力指数 A 要同时考虑超视距拦射和近距离格斗能力。根据专家打分，分别给各种武器不同的权值，例如：中距弹为 0.6，格斗弹为 0.3，航炮为 0.1。设中距拦射导弹、半主动中距拦射导弹和近距格斗导弹的火力系数分别为 A_m 和 A_c，航炮的火力系数为 A_{gun}，分别对各类导弹和火炮评价值进行标准化然后加权求和，得到空战火力指数为

$$A = 0.6gA_m + 0.3A_c + 0.1A_{gun} \qquad (6-8)$$

新型战斗机的对地攻击能力系数 C_g，与机上外挂数量、使用的武器精度系数、发射距离及发现目标能力系数有关。如果有 k 种空地攻击导弹，则计算公式为

$$C_g = C_{ta} \cdot \sum_{t=1}^{k} W_i \cdot R_i \cdot K_{Acc} \cdot \sqrt{n_i} \qquad (6-9)$$

式中：C_{ta}——发现目标能力系数；

W_i——该种武器载弹量，可根据飞机的质量特性决定；

R_i——发射距离；

K_{Acc}——该武器精度系数；

n_i——这种武器的挂载数量。

6）抗干扰能力

外军新型战斗机雷达采用有源相控阵技术，具有优良的抗干扰性能，其抗干扰能力与雷达设计参数和固有性能有关，可建立如下抗干扰能力指标的评估聚合模型：

$$IJC = \sum_{i=1}^{N} k_i S_i \qquad (6-10)$$

式中：IJC——雷达固有抗干扰性能；

S_i——雷达设计参数和固有性能；

k_i——对应每一项所选取的系数；

N——所确定的项数。

运用该模型的评估聚合过程如下：首先根据已知的典型干扰环境，确定雷达对抗这种干扰环境相关的设计参数和固有性能集$\{S_i\}$，包括发射功率、信号持续时间、信号带宽、天线增益、波瓣宽度、副瓣电平、频率捷变带宽、带外抑制度、复杂波形设计、功率动态、恒虚警算法、模式识别算法、极化处理算法、多普勒处理算法、自适应处理算法、硬件规模及信息处理能力、再编程能力、双波段工作模式、主被动复合工作模式以及一些特定的抗干扰技术措施等。然后，根据雷达性能指标对$\{S_i\}$进行归一化处理，再根据每一项在抗干扰中的作用，确定其所对应的系数k_i的大小。由此，就可以得到雷达的固有抗干扰性能的量化结果。

7）可靠性

外军新型战斗机采用高可靠性设计和可维护概念，极大地降低了它的后勤保障费用。反映新型战斗机可靠性的因素主要有无故障性、维修性、耐久性和安全性，故可将可靠性指标进一步分解为无故障性、战备完好性、寿命周期和安全性。可用P_C表示一架飞机在执行作战任务时完成任务的概率，反映飞机的无故障性；用战备完好系数K_R来度量飞机的维修性；用寿命系数C_L反映飞机的耐久性；用安全性系数C_S表示飞机的安全性。采用如下可靠性评估聚合模型，即可得到新型战斗机可靠性的量化评估值，即

$$E_U = P_C^{0.25} K_R^{0.5} C_L^{0.25} C_S^{0.2} \tag{6-11}$$

3. 评估模型构建

依据前述的外军新型战斗机作战效能评估指标体系，以及模糊层次分析评估方法，运用AHP方法算子元件和AHP元算子元件，在FEMS环境中建立外军新型战斗机作战效能评估算子树模型，底层指标实例化AHP元算子元件，其余指标实例化AHP方法算子元件，如图6-30所示。该模型可以载入典型新型战斗机（如F-22）的性能指标参数，如雷达散射截面积、最大稳定盘旋过载、导航定位精度、故障率等，并通过多专家综合评判，确定指标权重，为新型战斗机作战效能量化评估和多战机的作战效能对比分析等提供了工具支撑，对于外军新型战斗机作战效能评估研究具有很好的借鉴意义。

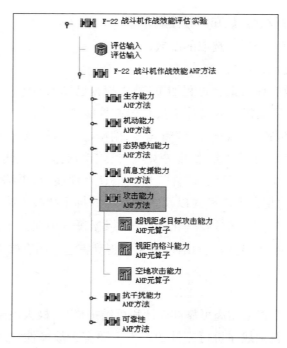

图6-30 F-22战斗机作战效能评估模型

6.4 战略预警相关作战效能评估建模

战略预警和电子战是未来信息化战争必不可少的重要内容。战略预警事关国家空天安全和战略利益拓展,各国军方为抢占军事领域战略制高点,争取军事战略主动,都积极加快步伐,发展建设和完善战略预警体系。而且,随着敌我双方制电磁权的争夺愈演愈烈,电子对抗装备作为电磁斗争的物质基础,日益成为各国军方关注的热点。而针对战略预警和电子战的相关研究,都离不开战略预警和电子对抗作战效能评估这一重要环节。因此,作战效能评估是战略预警和电子对抗相关研究的重要分支。以下将柔性评估理论应用于战略预警相关装备和体系作战效能评估,介绍基于算子的柔性建模方法在几种典型电子对抗装备和预警探测系统作战效能评估建模中的应用。

6.4.1 雷达侦察系统作战效能评估建模

雷达侦察系统是典型的电子战装备,其作战效能评估是依据系统使命任务、战术技术指标、仿真数据和经验数据等,对雷达侦察系统完成目标探测任务的程度进行定量评价。

1. 评估对象简介

雷达侦察系统是一种对信号环境进行采样、分析和处理的信息系统。一个现代雷达侦察系统通常由五个分系统组成:侦察天线、测频接收机、测向接收机、信号处理器及显控台。

雷达侦察系统的主要战术技术指标包括:

(1)由测频接收机决定的侦察频段、瞬时带宽、测频精度和频率分辨力;

(2)由测向接收机决定的测角范围、瞬时视野、测角精度和角度分辨力;

(3)系统指标侦察作用距离、系统灵敏度和动态范围、截获概率和截获时间,以及虚警概率和虚警时间;

(4)由信号处理器决定的信号调制参数的测量范围与精度;

(5)雷达天线特性分析能力等。

按照现代战场上所使用的军用雷达类型和用途,雷达侦察系统的主要侦察作战对象包括预警雷达、目标监视雷达、导弹制导雷达和火控雷达等。评价雷达侦察系统作战能力的基本依据,是能否发现辐射源及对辐射源特征字测量的准确性。

2. 评估指标体系

雷达侦察系统作战效能评估时,首先要拟定科学合理和完备评估指标体系,这是确保评估有效性的关键。

雷达侦察系统作战效能评估体系拟定的基本思路:依据雷达侦察系统的功能任务及其战技指标要求,将电磁兼容性纳入雷达侦察系统效能评估指标体系,用复杂电磁环境理论检验指标体系的完备性。评估指标分解的基本过程如下:

(1)基于 ADCE 评估模型框架,将雷达侦察系统作战效能分解为侦察截获能力、信号处理能力、威胁告警能力、可用性、可靠性和电磁兼容性六个指标,前三个指标代表 C(能力),后几个指标分别代表 A、D 和 E;

(2)侦察截获能力的考查,依据电磁空间的四维特性,进一步分解为频域覆盖能力、空域覆盖能力、时域覆盖能力和能域覆盖能力;

(3)频域覆盖能力由测频接收机的性能指标及频率截获概率共同决定;

(4)空域覆盖能力取决于测向接收机性能指标以及侦察作用距离;

(5)时域覆盖能力由截获时间和截获概率决定;

(6)能域覆盖能力由动态范围和系统灵敏度决定;

(7)其他指标分解如图 6 - 31 所示。

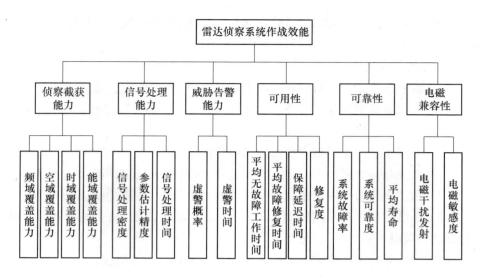

图6-31　雷达侦察系统作战效能评估指标体系

由以上步骤,就建立了层次化的雷达侦察系统作战效能评估指标体系。该评估指标体系将电磁兼容性引入雷达侦察系统作战效能评估,突出了复杂战场电磁环境下电磁兼容问题对雷达侦察系统作战效能发挥的影响作用,是适用于电子战装备作战效能评估的 ADCE 评估建模框架,在雷达侦察系统作战效能评估领域的具体应用。

3. 评估方法

以上拟定的雷达侦察系统作战效能评估指标体系的基础指标中,各指标量纲不统一,有概率指标,有时间指标,且各指标效用取向不同,有的越大越好,有的越小越好,在评估方法选择时有对指标无量纲处理的需求。另外,雷达侦察系统作战效能评估的基础信息是多维的,包括专家经验、仿真数据等,对评估方法有信息融合的需求。此外,方案对比和优选能力也是评估方法选择的依据。

TOPSIS 评估方法以接近理想方案的原则选择最佳技术方案,是一种定性与定量相结合、人机结合的作战效能综合评估方法,且适合于进行方案的对比分析,是进行雷达侦察系统作战效能评估解算的较好选择。基于该方法进行雷达侦察系统作战效能评估的基本思路如下:

首先,由仿真数据、专家经验、实验数据等多维评估信息确定底层基础指标,如虚警概率的量化值,得到一个评估输入数组;

而后,进行评估聚合,即可求得不同评估输入(方案)时的评估系数值,即顶层指标作战效能的量化值；

其中，评估解算的具体算法在第3章相关小节有详细论述。

4．评估模型

依据以上所选的 TOPSIS 评估方法，在 FEMS 环境中，选择规范化算子元件和 TOPSIS 方法算子元件，依据评估指标体系实例化算子元件，并设计算子接口关系，建立层次化的算子树评估模型，如图 6 – 32 所示。其中，底层指标实例化规范化算子元件，如虚警概率；次底层指标实例化 TOPSIS 方法算子元件，如信号处理能力。而且，用户可根据评估需求的变化换用其他评估建模元件，只需简单的算子替换和属性修改操作，就可轻松实现对评估模型的重构或重配。可见，基于算子的雷达侦察系统作战效能评估模型，具有适应评估需求变化的"柔性"。

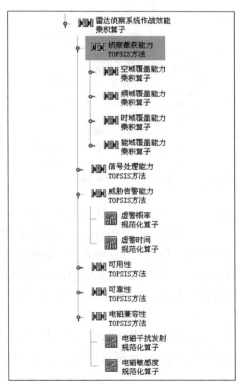

图 6 – 32　雷达侦察系统算子树效能评估模型

将专家经验数据、仿真实验数据、实战演练数据等数据配置到该模型中，启动算子引擎，在计算机上执行该模型，就可解算底层评估指标值，用 TOPSIS 方法进行评估聚合,得到顶层指标,即雷达侦察系统作战效能的定量评估结果,如图 6 – 33 和图 6 – 34 所示。

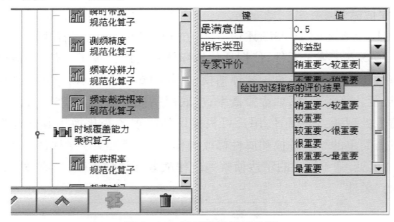

图 6 – 33　算子属性设置示例

图 6 – 34　雷达侦察系统效能评估结果

6.4.2　雷达组网系统作战效能评估建模

雷达组网能够有效提高部队作战力量体系的战场感知能力和抗干扰能力,是适应复杂战场电磁环境的重要作战运用方式,对雷达组网的作战效能评估研究是雷达组网的作战运用研究的重要辅助手段,因而备受关注。雷达组网的作战任务是对目标的探测和定位,雷达组网系统作战效能评估的目的,是检验其作战任务的完成程度,实现对其作战任务完成程度的定量评价。

1．评估指标体系

拟定雷达组网系统作战效能评估指标体系时,依据雷达组网作战任务,按照科学、客观和完备的原则进行指标分解与选取。指标分解和指标树构建的基本过程如下:

（1）雷达组网作战效能,可分解为威力范围、指挥控制能力、组网部署能力、生存能力及作战保障能力,由此就确定了次顶层指标;

（2）威力范围指标,可进一步分解为分辨力、杀伤区、跟踪能力、目标容量、

定位精度、杀伤率等,这些指标可通过统计计算、专家经验判断、指数函数求解等方法得,可作为指标树的底层指标;

（3）指标控制能力指标,可进一步分解为收集空情能力、目标识别能力、目标选择优化能力、数据融合实时处理能力、下达任务实时程度,这些指标的解算很显然需要结合专家的经验,通过定性与定量相结合的办法进行指标解算;

（4）组网部署能力指标,可进一步分解为站址分布优化合理性、利于电子对抗程度、武器系统生存能力、保卫目标生存程度和火力配置合理程度,这些指标的解算应以专家经验为主;

（5）生存能力指标,可进一步分解为平均故障时间间隔、故障检测能力、通信保障可靠性、平均修复时间,这些指标也是指标树底层指标的组成部分;

（6）作战保障能力指标,可进一步分解为隐藏性能、机动能力、运行能力。

由以上步骤,拟定雷达组网作战效能评估指标体系,如图6-35所示。

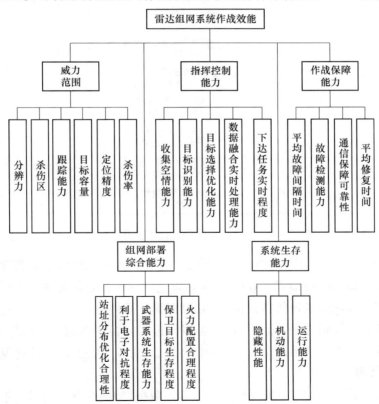

图6-35　雷达组网作战效能评估指标体系

159

2. 算子树模型构建

依据图 6－35 所示的雷达组网作战效能评估指标体系,以及模糊层次分析评估方法,运用 AHP 方法算子元件和 AHP 元算子元件,建立雷达组网作战效能评估算子树模型。底层指标实例化 AHP 元算子元件,其余指标实例化 AHP 方法算子元件,生成的算子树形式的雷达组网作战效能评估模型如图 6－36 所示。

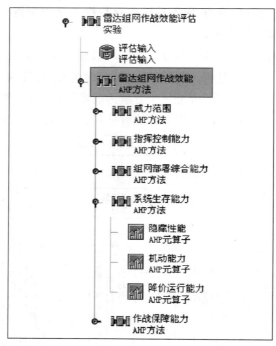

图 6－36　雷达组网作战效能评估算子树模型

比较图 6－35 和图 6－36,雷达组网作战效能评估指标体系与其评估模型具有比较一致的表现形式,用户能够通过雷达组网作战效能评估算子树模型理解雷达组网作战效能评估指标体系,并根据算子元件的类型,理解雷达组网作战效能评估的评估方法。而且,用户可以根据需要换用其他的评估算子元件,灵活方便地调整雷达组网作战效能评估方案,实现了"柔性"的评估建模。

3. 算例

拟定雷达组网作战效能评估的一组输入数据,如图 6－37 所示。正确设置各指标对应的算子元件属性,如平均修复时间,可以设置为"成本型"类型,用

"定量评价"方法确定其隶属度。启动算子引擎,执行评估模型,即可得到雷达组网作战效能评估结果,如图 6-38 所示。

雷达组网...	雷达组网...	雷达组网...	雷达组网...	雷达组网...	雷达组网...
分辨率	杀伤区	跟踪能力	目标容量	定位精度	杀伤率
attribute ▼	attribute ▼	attribute ▼	attribute ▼	attribute ▼	attribute ▼
[unit]	[unit]	[unit]	[unit]	[unit]	[unit]
real ▼	real ▼	real ▼	real ▼	real ▼	real ▼
singl... ▼	singl... ▼	singl... ▼	singl... ▼	singl... ▼	singl... ▼
50.0	0.7	130.0	130.0	1.0	20.0
60.0	0.5	110.0	110.0	1.0	20.0
50.0	0.66	120.0	120.0	1.0	20.0

图 6-37 雷达组网作战效能评估部分输入数据

雷达组网作战效能的评估值
0.5369028377894455
0.5340507637451217
0.5353261394920157

图 6-38 雷达组网作战效能评估结果

可见,以上建立的算子树评估模型实现了三个组网设计方案的对比分析,是雷达组网方案优选的有效支撑工具。

6.4.3 高机动便携式雷达作战能力评估建模

作为各类侦察手段之一的便携式地面战场侦察雷达,由于具有高机动、实时侦察、大面积监视、探测距离远、定位精确、全天候工作等优点,已成为现代战场上不可缺少的重要侦察装备之一。这里通过对高机动便携式雷达作战效能评估研究,为该类雷达战术技术指标论证,提供思路和技术支撑。

1. 评估指标体系

依据高机动便携式战场目标雷达的性能特点和作战使命任务,以及 ADCE 评估建模框架,在进行该装备的作战能力评估时,将作战能力指标进一步分解为发现目标能力(探测能力)、机动能力、电磁兼容能力和信号处理能力。其中,发现目标能力指标可进一步分解为威力覆盖范围、最小探测能力、距离分辨力和距离测量精度指标;机动能力指标进一步分解为安装方式、质量、撤收时间、天线形式和天线尺寸;信号处理能力指标进一步分解为目标识别能力、目标检测速度和多目标处理能力;电磁兼容能力指标进一步分解为杂波抑制能力和输出功率。依据以上思路构建的作战能力评估指标体系如图6-39所示。

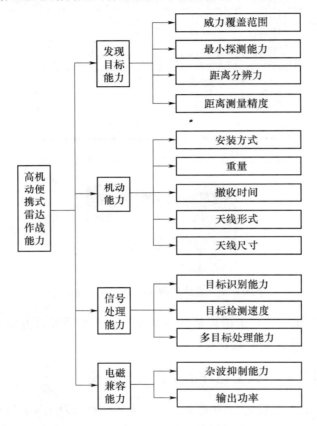

图6-39 高机动便携式雷达作战能力评估指标体系

2. 评估解算方法

评估解算的基本思路:通过将国外先进装备的性能对比,得出待评估装备的作战能力的水平等级。TOPSIS(Technique for Order Preference by Similarity to Ideal Solution)评估方法全称是逼近理想解决方案的排序方法,比较适合于多方案的对比分析,可采用该方法对国外先进雷达装备进行对比分析。具体算法流程见3.3节。

3．评估模型构建

依据图 6-43 所示的战机突防作战效能评估指标体系，以及 TOPSIS 评估方法，运用 TOPSIS 方法算子元件和规范化算子元件，在 FEMS 环境中建立高机动便携式雷达作战能力评估算子树模型，底层指标实例化规范化算子元件，次底层指标实例化 TOPSIS 方法算子元件，如图 6-40 所示。"评估输入"算子元件用于录入多种雷达装备战术技术指标。该模型对国外雷达装备作战能力对比分析提供了支撑工具。

图 6-40　高机动便携式雷达作战能力评估模型

4．算例

通过分析美军 ARSS 和以色列 EL/M-2140NG 雷达性能指标（表 6-6），设计两个高机动雷达战术技术指标方案，作为评估模型的输入，如图 6-41 所示。

评估数据录入完成之后，进行算子属性的设置，设置各算子对应指标的权重、专家打分值录入、指标类型等，如图 6-42 所示。

表 6－6　国外典型雷达性能指标

雷达型号	美国 ARSS	以色列 EL／M－2140NG
雷达体制	相干脉冲多普勒	相干脉冲多普勒
工作频段	X 波段	X 波段
输出功率/W	20	25
作用距离/km	20	23
距离测量精度/m	25	30
方位测量精度/(°)	7	10
天线形式	平板缝隙天线阵	喇叭反射器
天线尺寸/(cm×cm)	40×60	120×45
天线增益/dB	31	34
扇扫速度/(r/min)	3.8	3
扇扫范围/(°)	360	360
信号处理	FFT	FFT
显示方式	B 显、数字地图	B 显、数字地图
输出方式	音频、视频	视频
安装方式	三脚架	三脚架
架设时间/min	<5	<10
撤收时间/min	<5	<10
重量/kg	23kg	65kg

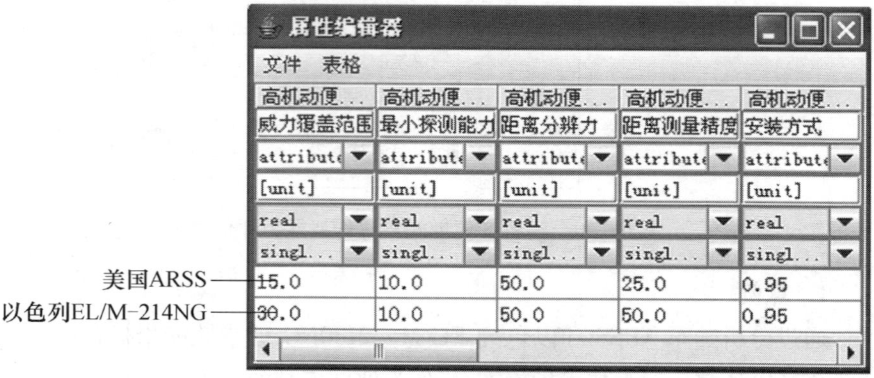

图 6－41　评估模型输入数据

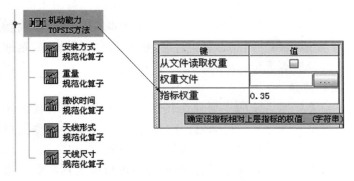

图 6 – 42　算子属性设置示意图

启动算子引擎,进行评估解算,得到对应不同雷达的作战能力综合评估值,美国 ARSS 为 0.40,以色列 EL/M – 2140NG 为 0.7,如图 6 – 43 所示。

图 6 – 43　高机动便携式雷达作战能力评估结果

6.4.4　预警监视系统作战能力评估建模

防空反导预警监视系统是战略预警体系的重要组成部分,加紧进行该系统建设是我军当前最关键和迫切的任务之一。预警监视系统作战能力评估是预警监视系统建设的重要环节,对预警监视能力评估建模问题的相关研究,将为防空反导预警监视系统作战能力评估提供理论和方法支撑,对推进防空反导预警监视系统建设具有重要意义。

本书依据预警监视系统使命任务,基于复杂电磁环境相关理论,构建预警监视能力评估指标体系。基于组件化评估建模思想,选用模糊综合评价方法,构建基于 AHP 评估算子的预警监视能力算子树评估模型,进行预警监视能力评估建模的理论和方法探讨。

1. 研究现状分析

国外在作战能力评估领域,主要基于探索性分析思路,依托体系对抗作战推演和作战能力评估支撑平台进行。例如,兰德公司的典型研究实例"恐怖海峡"，利用定性和定量分析详细论述了中国大陆和中国台湾军事能力。其中，台湾防御作战能力评估是"恐怖海峡"的关键环节。我国在进行作战能力评估的有关研究时，不能照搬国外研究思路，可部分借鉴其有益思想，如定性与定量相结合以及探索性分析等思想。

2. 评估指标体系

防空反导预警监视系统的主要使命任务是监视周边国家和地区战略轰炸机、巡航导弹、弹道导弹等的飞行动向，及时发出早期预警。其作战对象包括战略轰炸机、巡航导弹、弹道导弹、邻近空间目标和空间目标等。

依据预警监视系统使命任务，预警监视能力可分解为预警监视覆盖能力和目标预警监视能力。另外，在复杂电磁环境中，装备作战能力受其电磁兼容性的严重制约，装备体系的作战能力也受制于其电磁兼容能力。

因而，防空反导预警监视能力可分解为如下三个指标：

1）预警监视覆盖能力

预警监视覆盖能力是对预警监视力量的覆盖范围的总体评价。依据复杂战场电磁环境理论，电磁资源具有空域、时域、频域和能域四维特性，可将预警监视覆盖能力进一步分解为空域覆盖能力、时域覆盖能力、频域覆盖能力和能域覆盖能力，这些指标可进一步细化。

2）目标预警监视能力

目标预警监视能力是预警监视系统对战略轰炸机、巡航导弹、弹道导弹等目标预警监视能力的综合评价，可进一步细化为对不同目标的预警时间、虚警概率、稳定跟踪时间、丢失目标概率等指标。

3）电磁兼容能力

电磁兼容能力是预警监视系统抗干扰能力的具体体现，可进一步分解为自扰（系统各组成部分的自我干扰）抑制能力和抗敌干扰能力，抗敌干扰能力可进一步分解为抗敌压制性干扰能力和抗敌欺骗性干扰能力。

基于以上思路建立预警监视能力评估指标体系，如图6-44所示。

3. 算子树模型构建

依据所选评估方法，在FEMS环境中，选择AHP方法评估算子建模元件，进行评估模型的构建。该模型采用定量方法确定指标隶属度，因而需要仿真数据支持，可实现对多方案的评估和对比分析；如仿真数据贫乏，则可选用定性方法确定指标隶属度，在评估模型中可省去仿真数据的导入算子，即评估输入算子。选用定性方法还是定量方法，在所选AHP方法和AHP元算子评价类型栏设置即可，如图6-45所示。

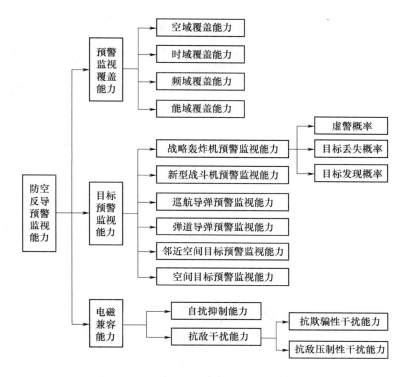

图6-44 预警监视系统作战能力评估指标体系

专家评价	稍重要 ▼
指标权重	
指标类型	效用型 ▼
评价类型	定量评价 ▼
理想最大值	定性评价
	定量评价
理想最小值	0.0
专家打分	编辑列表 (2)
专家调查	编辑列表 (0)

图6-45 评价方法类型设置示意图

通过算子装配和接口关系合法验证,建立算子树评估模型,将专家经验数据、仿真实验数据和其他实用数据配置到该模型中,就得到计算机可执行的预警监视能力评估模型,如图6-46所示。

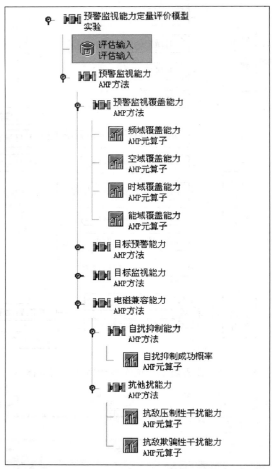

图 6 – 46　预警监视系统作战能力评估模型

6.4.5　战略预警体系作战效能评估建模

　　战略预警体系作战效能评估是战略预警体系建设和发展过程中必不可少的重要环节,对应的作战效能评估问题是战略预警体系建设理论研究的重要组成部分。

　　战略预警体系是由战略预警系统以及其他辅助作战系统通过松耦合组成的复杂巨系统。对其进行作战效能评估不能照搬常规武器装备作战效能评估的基本理论和方法,需充分考虑其复杂特性和松耦合特性,建立适应其自身特点的评估方法论体系。战略预警体系作战效能评估对象是战略预警作战体系,评估目的是对战略预警作战体系完成战略预警任务的程度做出定量评价,属战略评估层次,需预警装备和预警作战体系的作战效能评估数据作支撑。

1. 评估基本思路

采用复杂问题求解的一般思路,将战略预警体系作战效能评估问题分解为若干子评估问题,充分考虑已有作战效能评估研究成果对战略预警作战效能评估研究的支撑作用,探讨进行战略预警作战效能评估的可行思路和方法。

拟定其评估指标体系时,应突出体系对抗特征,依据战略预警体系的使命、任务和组成进行评估指标分解和分配;在评估方法的选取上,应突出辅助战略决策的评估取向,充分体现专家在评估过程中的核心地位,同时要结合仿真技术手段所能提供的大量支撑数据进行综合评估;在评估模型的构建上,应突出组件化、通用化和可扩展的先进建模思想,体现与评估指标体系的外观一致性,为不同用户提供统一的评估视图。

2. 评估指标体系

战略预警作战体系属复杂巨系统,在进行其评估指标分解时,可借鉴常规武器装备作战效能评估时的评估指标分解思路。常规武器装备的评估指标分解一般遵循可用性 A、可信性 D 和能力 C 的分解思路,即 ADC 评估指标分解思路。对于战略预警作战体系,可用性 A 可对应为作战保障能力,可信性 D 可对应为信息综合处理能力,能力 C 可对应为预警监视能力。预警监视能力可进一步分解为预警覆盖能力和目标预警能力,分别是指战略预警体系的作用范围和对不同威胁目标的预警能力;作战保障能力可进一步分解为目标探测能力、目标跟踪能力、拦截制导能力、指挥控制能力和电子干扰能力;信息综合处理能力可进一步分解为目标信息处理能力、信息融合能力以及战场态势估计能力。具体指标分解如图 6 – 47 ~ 图 6 – 50 所示。

3. 评估方法

由以上评估指标体系,可将战略预警作战效能评估问题分解如下:A 评估问题,即作战保障能力评估;D 评估问题,即信号综合处理能力评估;C 评估问题,即战场预警监视能力评估。在选取评估方法时,需考虑从次顶层到顶层指标的聚合算法、次顶层指标解算方法、专家数据和仿真数据的融合方法,以及如何实现装备作战效能评估和作战体系对作战效能评估的数据支撑作用。

1) 评估聚合方法

对于顶层指标的聚合算法,可借鉴 ADC 方法的聚合思路,采用加权乘形式的聚合算法,即

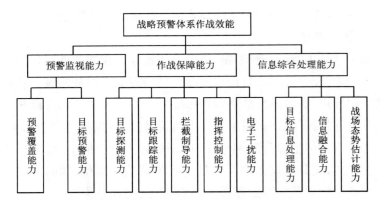

图 6-47　战略预警体系作战效能评估指标体系

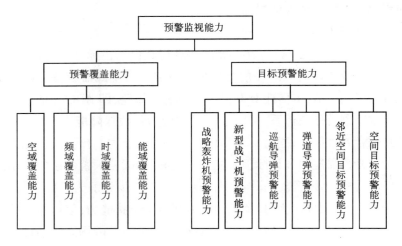

图 6-48　预警监视能力指标分解

$$P = \prod_{i=1}^{3} C_i p_i, \quad \prod_{i=1}^{3} p_i = 1 \qquad (6-12)$$

式中: P——顶层指标评估结果;

　　　C_i——第 i 个次顶层指标评估值;

　　　p_i——第 i 个指标的归一化权重。

2) C 问题评估方法

对预警监视能力的评估,由于仿真数据匮乏,基于专家经验的 AHP 评估方法是较好的选择。评估时可能需将以上预警监视指标体系作进一步分解,基于战略预警体系有关数据库,由专家打分给出相应指标权重,进而求得预警监视

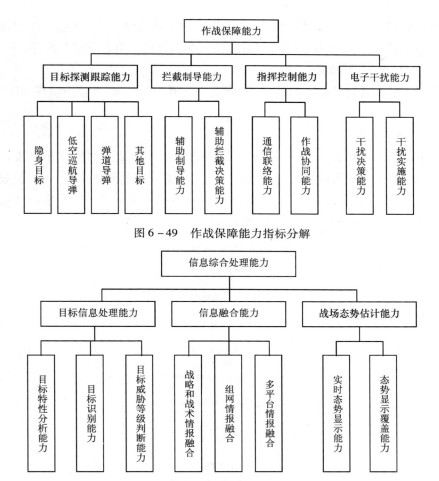

图 6-49　作战保障能力指标分解

图 6-50　信息综合处理能力指标分解

能力的综合评估值。

3）A问题评估方法

对作战保障能力的评估,由于有大量仿真数据,可充分利用预警作战体系对抗仿真数据,甚至直接利用预警作战体系作战效能评估结果,进行基于仿真的作战保障能力评估。评估聚合可采用效用函数法,实现专家经验与仿真数据的有机结合。

效用函数法的基本思想是将评估结果转化为评估对象的效用值,是一种专家经验和统计分析相结合的综合评估方法。该方法的关键是效用函数和效用聚合算法,采用效用函数确定基础指标的效用值,采用聚合算法获取上层指标的效用值,作为最后的评估结果。常用的效用函数有线性的、拐点型的和指数型的,效用聚合方法有加权求法和乘积法。具体算法见第3章相关内容。

4) D问题评估方法

对信息综合处理能力的评估,同样优先选择基于专家经验的模糊 AHP 综合评估方法。

4. 评估模型

依据所选评估方法,在 FEMS 环境中,选择效用函数评估建模元件和 AHP 方法评估算子建模元件,建立算子树评估模型,将专家经验数据、仿真实验数据和其他实用数据配置到该模型中,即可得到计算机可执行的战略预警作战效能综合评估算子树模型,如图 6-51 所示。

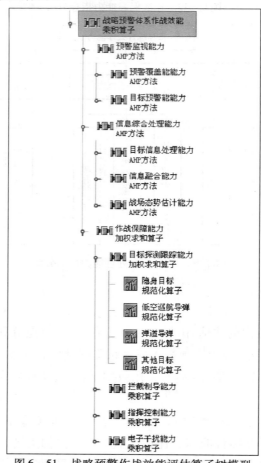

图 6-51 战略预警作战效能评估算子树模型

172

6.5 其他应用

柔性评估建模方法不仅适用于武器装备作战效能评估领域,对教育、管理等领域的评估建模问题也是有效的。例如,对于人员任职能力的评估问题,可采用基于算子的评估建模方法,建立人员任职能力评估算子树模型,只需简单的属性修改和算子编辑,就可建立针对各类人员的不同的算子树评估模型。本书针对院校不同职称人员任职能力的评估,在 FEMS 环境下,建立了任职能力评估算子树模型,如图 6−52 ~ 图 6−54 所示。

以上三个评估模型采用定性评价方法,以专家经验数据为主,为专家打分和加权等提供友好接口,为多个专家集中研讨提供了有效技术手段。这就表明,FEMS 也具备对定性为主的评估问题的柔性建模能力,能够为专家经验为主的类似问题提供决策支持,因而具有很好的应用前景。

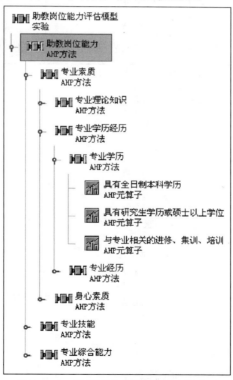

图 6−52　助教岗位任职能力评估模型

图 6-53 讲师岗位任职能力评估模型

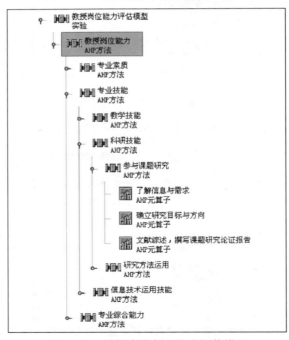

图 6-54 教授岗位任职能力评估模型

名词术语汇总

ADC（Availability – Dependability – Capability） 即可用性、可信性和固有能力。

ADC 评估方法 美国工业界武器装备效能咨询委员会提出的一种武器系统效能评估方法。

ADC 评估框架 按照可用性 A—可信性 D—固有能力 C 进行评估指标分解的评估建模框架。

ADCE 评估框架 按照可用性 A—可信性 D—固有能力 C—电磁兼容性 E 进行评估指标分解的评估建模框架，是针对电子对抗装备作战效能评估的理论框架，是扩展的 ADC 评估框架。

ADCE + SCA 评估框架 将 ADCE 框架进一步细化，按照感知能力 S—指控能力 C—作战能力 A 进行固有能力 C 的指标分解。

AHP 方法 层次分析法，是一种常用的基于专家经验的评估方法，应用比较广泛，文献中有相关介绍。

FEMS（Flexible Evaluation Modeling System） 柔性评估建模系统，是作者在多年科研实践和积累的基础上，自主研发的一个评估建模和分析工具。

SBE（Simulation Based Evaluation） 基于仿真的评估。

SCA（Sensor – Controller – Actuator） 传感器—控制器—执行器。

SCA 评估方法 一种基于控制论的效能评估方法，参考文献中有专门介绍。

SCA 评估框架 按照感知能力 A—指控能力 D—作战能力 C 进行评估指标分解的评估建模框架。

TOPSIS（Technique for Order Preference by Similarity to Ideal Solution）**评估方法** 基于正负理想点的效能评估方法。

效用函数评估方法 基于一定效用函数，得到评估对象的效用值，是一种定性与定量相结合的评估方法，决策领域应用较广泛。

算子 又称运算元,代数学中的一个重要概念。

概念层次算子 从问题表达的角度考虑,将算子映射为问题单元。

软件层次算子 从问题求解的角度考虑,将算子映射为功能组件,本书提到的算子,主要是指软件层次的算子,即算子形式的功能组件。

复合算子 算子的一种类型,该类型的算子具有容纳其他算子的能力。

原子算子 算子的一种类型,该类型的算子不能容纳其他算子,只能被其他算子所容纳。

算子树 由算子构建的树状结构的功能模型,必须包含复合算子。

算子节点 算子树模型中的树节点。

算子元件 从评估建模的角度考虑,算子作为一种建模单元时的称谓。

算子组件 从基于组件的评估建模角度考虑,算子是一种功能组件。

框图组件 从基于组件的评估建模角度考虑,框图是一种功能组件。

评估指标体系 效能评估要素之一,表现为评估指标节点构建的指标树。

评估基础指标 树状评估指标体系的底层指标,或"叶子"指标。

基础指标解算 评估基础指标的求解。

评估模型 有评估概念模型、评估解析模型、评估数学模型、评估数字化模型等含义,本书中的评估模型特指为评估数字化模型(计算机模型)。

柔性 包括灵活性、适应性和通用性等含义。

柔性仿真 考虑仿真领域的适应性和通用性等问题,包括柔性仿真建模、柔性仿真分析等内容。

柔性评估 "柔性"理念在评估领域的具体体现,多用于企业管理领域。

柔性建模 "柔性"理念在建模领域的具体体现。

柔性软件 "柔性"理念在软件工程领域的具体体现。

多方法混合建模 综合运用多种方法实现模型构建,侧重于建模理论。

多模型组合框架 针对基于多方法构建的多种模型的组合问题,侧重于建模技术方面。

组合模型建模 在组合建模框架下的组合建模方法,侧重于建模方法。

建模框架 建模实现的指导模式。

目标规约 人工智能领域的一种知识表示方法。

参 考 文 献

[1] 王维平,李群,朱一凡,等.柔性仿真原理与应用[M].长沙:国防科学技术大学出版社,2003.

[2] 蔡自兴,徐光.人工智能及其应用[M].北京:清华大学出版社,2003.

[3] 张剑.军事装备系统的效能分析、优化与仿真[M].北京:国防工业出版社,2000.

[4] 李明,刘澎.武器装备发展系统论证方法与应用[M].北京:国防工业出版社,2000.

[5] Bernard P Zeigler. Recent advances in Discrete Event – Based Information Technology[M],2003.

[6] 高尚,娄寿春.武器系统效能评定方法综述[J].系统工程理论与实践,1998,18(07):109 – 141.

[7] 李群,王维平,朱一凡,等.柔性仿真方法研究[J].系统仿真学报,1999,11(06):405 – 408.

[8] 杨峰,李群,王维平,等.基于仿真的探索性评估方法论[J].系统仿真学报,2003.15(11):1561 – 1564.

[9] 王泽众,刘锋,钟兆根,等.一种新的机载电子对抗作战效能评估模型[J].系统仿真学报,2009,21(20):6360 – 6363.

[10] 曹星平.支持向量机在武器系统效能评估中的应用[J].系统仿真学报,2008,20(24):6599 – 6602.

[11] 黄炎焱,杨峰,王维平,等.一种武器装备作战效能稳健评估方法研究[J].系统仿真学报,2007,19(20):4629 – 4633,4656.

[12] 尹纯,黄炎焱,王建宇,等.武器装备作战效能评估指标体系指导模式[J].南京理工大学学报,2009,33(06):779 – 784.

[13] 俞国燕,郑时雄,孙延明.复杂工程柔性建模方法研究[J].机床和液压,2002,(02):40 – 41,153.

[14] 殷旭,廖斌,王新平.基于 Web 的工作流表单的柔性建模[J].计算机工程与设计,2009,30(14):3429 – 3432.

[15] 张世强.一类连续模糊算子及其应用[J].中国工程科学,2003,05(09):27 – 31.

[16] 邢昌风,隋江波.复杂电磁环境中水面舰艇作战效能评估的指数模型[J].火力与指挥控制,2009,12:74 – 78.

[17] 张君齐,韩朝阳,徐敏.基于一致性排序法和模糊综合评价法的潜艇作战效能评估[J].四川兵工学报,2009,30(10):90 – 92.

[18] 杨峰,李群,孔德培,等.基于控制论的 SCA 武器系统效能评估方法[J].系统工程与电子技术,2002,24(12):56 – 58,64.

[19] 龚德良,黄炎焱,吴莉君.基于 MVC 模式的评估系统重用性研究[J].计算技术与自动化,2006,25(04):69 – 73.

[20] 靳娜,娄寿春.武器装备论证的柔性仿真建模研究[J].计算机仿真,2006,23(12):74 – 77.

[21] 周振浩,王行仁.高超声速巡航导弹作战效能建模与评估[J].兵工学报,2007,28(06):725 – 729.

[22] 刘鹏程,袁进徐,员向前.防空作战指挥对抗能力评估与分析[J].火力与指挥控制,2007,32(10):43-46.

[23] 蔺美青,杨峰,李群,等.基于算子树的导弹突防作战效能评估[J].系统仿真学报,2006,18(07):1950-1953.

[24] 蔺美青,杨峰,李群,等.基于TOPSIS评估算子的装甲装备作战能力评估[J].指挥控制与仿真,2006,(04):56-59.

[25] 蔺美青,杨峰,李群,等.基于效用评估算子的装甲装备作战效能评估[J].计算机仿真,2006,24(1):14-16.

[26] 任玮,赵沛祯.供应链绩效评估中的一类柔性评估方法[J].物流科技,2004,27(10):41-44.

[27] 黄辰,吕永波,王仰东,等.企业学习系统柔性评估模型体系研究[J].科学学与科学技术管理,2009,30(01):191-193.

[28] 刘晨,李群,王维平.面向武器系统作战能力评估的仿真系统工程[Z].13届系统工程年会,2004.

[29] 蔺美青,杨峰,李群,等.基于统计学习的导弹攻防对抗仿真评估方法[Z].2005飞行力学年会,2005.

[30] 蔺美青,杨峰,李群,等.一种基于仿真的武器装备体系结构优化新思路[Z].2006系统仿真理论与应用学术年会,2006.

[31] Joines J A, Barton R R, Kang K, et al. A Model-based Approach for Component Simulation Development[Z]. Proceedings of 2000 Winter Simulation Conference,2000.

[32] 翟川.柔性软件平台设计[D].成都:四川大学,2004.

内 容 简 介

全书共分6章,以武器装备在作战效能评估为应用背景,介绍了柔性评估建模方法的形成、发展和应用。本书对武器装备作战效能评估进行理论概括的基础上,将"柔性评估"和"柔性建模"概念融为一体,提出了基于算子的柔性评估建模方法论,介绍了一个柔性评估建模和分析工具FEMS,实现了该领域通用化和规范化发展过程中的理论和技术突破,对于武器装备作战效能评估实践具有重要的指导意义和实用价值。

本书是在武器装备的仿真论证和科研实践过程中,对武器装备作战效能评估理论和技术的总结,对武器装备论证科研人员、武器装备工程实践人员,以及其他从事武器装备作战效能评估研究与教学的教师和研究生有参考意义。本书的出版将为他们提供十分有益的帮助。

The book has six chapters, introduces formation, development and application of flexible evaluation modelling methodology, which have of weapon equipment operational effectiveness evaluation as application background. Firstly, weapon equipment operational effectiveness evaluation is summarized in theory, then operators based flexible evaluation modelling methodology is proposed by combining "flexible evaluation" with "flexible modelling", and a flexible evaluation modelling system named FEMS is also introduced. Thus contexts of this book realize theoretical and technological breakthroughs during the process of evaluation development, which has guidance and practical value to weapon equipment operational effectiveness evaluation.

This book is theoretical and technological summation during the process of weapon equipment operational effectiveness evaluation in research and practice. So it can provide references for persons in auras as weapon equipment demonstration, weapons equipment engineering, and other teachers and graduate students who have research on weapon equipment operational effectiveness evaluation, this book would be very helpful to them.